NOTICE

STATISTIQUE, HISTORIQUE ET MÉDICALE

SUR

L'ASILE PUBLIC D'ALIÉNÉES

DE LILLE (Nord),

AVIS AUX LECTEURS.

La seconde partie de cette notice, n'ayant pu être imprimée pour l'époque de la session du Conseil général du Nord, de cette année, sera publiée plus tard.

Ainsi qu'il est dit dans la préface, cette partie traitera exclusivement de *l'étiologie*, de *l'hygiène* et de la *médecine* des maladies mentales.

OUVRAGES DU MÊME AUTEUR :

TOPOGRAPHIE historique, physique, statistique et médicale de la ville et des environs de Cassel (Nord), avec cartes lithographiées.

PHYTOLOGIE pharmaceutique et médicale, un volume grand in-8°, avec planches gravées, représentant les caractères des familles végétales.

TABLEAUX SYNOPTIQUES d'histoire naturelle médicale, avec près de six cents figures gravées (Huit feuilles grand-aigle).

NOTICE

STATISTIQUE, HISTORIQUE ET MÉDICALE

SUR

L'ASILE PUBLIC D'ALIÉNÉES

DE LILLE (NORD),

Par le Docteur P. J. E. DE SMYTTERE (de Cassel).

MÉDECIN EN CHEF DE CET ÉTABLISSEMENT, ANCIEN MÉDECIN DES ASILES DE MM. COCHIN ET DE BELLEYME, A
PARIS, ET DE CELUI DE LOMMELET, ANCIEN PROFESSEUR A L'ÉCOLE DE MÉDECINE D'AMIENS, FONDATEUR
DU COURS PUBLIC DE ZOOLOGIE DES VILLES DE LILLE ET D'AMIENS, MEMBRE DE LA SOCIÉTÉ
ROYALE DES SCIENCES, DE L'AGRICULTURE ET DES ARTS DE LILLE, MEMBRE HONORAIRE
DE LA SOCIÉTÉ DES ANTIQUAIRES DE LA MORINIE, ETC., ETC.

Le malheur qui a privé l'homme de ses facultés intellectuelles a fixé aussi la sollicitude
des êtres bienfaisants dans le département du
Nord.

DIEUDONNÉ, *Préfet*. 1804.

LILLE,

IMPRIMERIE DE VANACKÈRE, LIBRAIRE ET LITHOGRAPHE,

GRANDE PLACE, 7.

1847.

ÉVÊCHÉ.

..., HISTORIQUE ET MÉDICAL

...E D'ALGER

Deus charitas est.
St.-Jean, IV, 8.

Pour être utile aux aliénés, il faut les aimer
beaucoup et savoir se dévouer pour eux.
ESQUIROL.

PRÉFACE.

En publiant aujourd'hui la présente notice, j'accomplis un devoir, je satisfais à un désir et j'obéis à un ordre; mais, si plus de temps m'avait été accordé, j'aurais pu offrir un travail complet et qui ne se serait pas ressenti de la presse qu'il a fallu mettre dans sa rédaction.

Le Conseil général du département du Nord, dans sa séance du 19 septembre 1846, a émis le vœu 1° que le gouvernement fasse rechercher et étudier les causes les plus probables de l'augmentation toujours croissante, depuis six ans, des maladies mentales parmi les indigentes; 2° que M. le Préfet fasse établir, pour l'Asile de Lille, d'ici à la prochaine session du Conseil, une statistique administrative et médicale dans le genre de celles de Rouen et d'Armentières.

Par sa lettre du 12 février 1847, M. le Préfet, en me faisant officiellement part des vœux du Conseil général, concernant l'Asile d'aliénées dont le service médical m'est confié, m'a fait l'honneur de m'inviter à prendre les dispositions nécessaires, en ce qui me concerne, afin que le travail réclamé soit terminé pour le commencement d'août de cette année, et ce magistrat a ajouté que la recherche et l'étude des causes des maladies mentales sont un point auquel le Conseil général attachera un vif intérêt.

C'est pour répondre aux désirs exprimés que je me suis mis avec empressement à l'œuvre, mais mes occupations nombreuses, comme unique médecin de l'établissement important des femmes aliénées de Lille, où il y a ordinairement un personnel de près de quatre cents individus à soigner, me fait craindre de n'avoir pas rempli assez convenablement cette tâche agréable quoique difficile; d'un autre côté, je dois avouer que, au lieu de prendre pour modèles les travaux statistiques des Asiles ci-dessus désignés, je n'ai pas cru devoir suivre, dans cette notice médicale, une autre marche que celle adoptée par moi, depuis sept années, dans mes rapports statistiques annuels, tant à l'Asile privé d'aliénés de Lommelet, qu'à celui des femmes à Lille, et dont sans doute le Conseil général a pris tous les ans connaissance : j'en réunis ici l'ensemble en un seul corps de rédaction.

En effet, la statistique de l'Asile d'Armentières ne peut être regardée, jusqu'à présent, d'après le propre aveu de son auteur, M. le docteur Butin, que comme une simple ébauche qui a dû être achevée en moins de deux mois, et le temps m'a manqué pour avoir le loisir de produire un travail aussi étendu et complet que celui de MM. Parchappe et Bouteville, médecin et directeur de l'Asile de St-Yon, à Rouen, qui a dû exiger à ses auteurs, (constamment restés unis dans un harmonieux accord de vues pour le perfectionnement de l'institution confiée à leurs soins, comme ils le disent, plusieurs années de recherches, l'enregistrement de beaucoup plus d'observations, et pleine liberté d'agir. D'ailleurs, même avec un espace de temps nécessaire, je n'aurais pu faire plus que ce que) je produis, car les principaux documents m'ont complètement manqué, aucun papier médical antérieur à 1840 n'a pu m'être communiqué; deux rapports de M. le docteur Lestiboudois, celui de 1840 et 1841, ont seuls été trouvés à la préfecture et mis à ma disposition; ces écrits succincts, qui se renferment dans le compte-rendu du service médical des deux années précédant immédiatement celle de mon entrée en fonctions, comme médecin de l'Asile, nommé par M. le Ministre de l'Intérieur, après la réélection de M. Lestiboudois à la députation, et les notes statistiques des annuaires du département du Nord, sont les seules sources où j'ai pu puiser des renseignements officiels; le reste m'appartient en propre, et j'en garantis aussi l'exactitude (1), heureux si j'ai pu produire des résultats de quelque valeur, des documents utiles.

Mes recherches ont été arides et longues, mais j'ai été excité par le désir d'être utile à la classe si malheureuse et si intéressante des êtres privés de raison; j'ai voulu aussi prouver aux autorités, qui m'honorent de leur confiance, tout le désir que j'ai de leur être toujours agréable, et combien je tiens à remplir ma mission de charité d'une manière digne d'un médecin des soins duquel dépendent la santé, la vie et l'avenir de tant de ses compatriotes.

Je divise cet ouvrage de statistique en deux parties : Dans la première, je traiterai de l'historique de l'Asile de Lille, de sa statistique médicale, et de quelques points essentiels de l'étiologie des maladies mentales dans le Nord. De nombreuses tables synoptiques ayant rapport à la plupart des questions que l'on peut traiter dans ce genre de recherches, en aideront le développement; quant aux applications de leurs résultats elles serviront, je pense, à porter quelque lumière dans l'étude d'un genre d'affections dont tous les hommes de bienfaisance, depuis dix ans surtout, font le sujet de leurs profondes méditations.

Dans la seconde partie, je m'occuperai : 1.° de l'étude détaillée de chacune des causes principales de la folie, signalées dans le présent travail; 2.° des questions hygiéniques ayant rapport aux aliénés en général, et à l'Asile de Lille en particuler. Je terminerai, enfin, par des considérations sur la partie taxonomique, ou des classifications des maladies mentales, et par des observations médicales, cliniques et autres, prises parmi les plus intéressantes que j'ai pu recueillir jusqu'à ce jour dans mon service, durant ces dernières années.

Dans cet exposé, comme dans ma conduite, je tâche de suivre la marche et les beaux exemples de mes honorables collègues,

---

(1) S'il y avait cependant quelques unités erronées dans les colonnes de la population et des mouvements, chose que je ne pense pas, si par hasard j'avais confondu certaines pensionnaires admises d'office avec les aliénées soignées aux frais du département et des communes, cela importerait peu dans un pareil travail, qui n'est pas administratif, et dont le principal but est de faire connaître les mouvements, les nombres généraux et les résultats médicaux essentiels qui en émanent.

élèves des mêmes maîtres (Pinel, Esquirol, Ferrus, Georget, etc.), et qui rendent à leur tour tant de services à la science et à l'humanité !

Fort des résultats que l'Asile de Lille obtient, et qui le distinguent sous bien des rapports de beaucoup d'établissements publics et privés d'aliénés de France, heureux d'avoir vu nos efforts couronnés de succès incontestables, et d'avoir conservé, par des surveillances et des soins incessants, dans des moments bien difficiles, la santé d'une maison si restreinte et si encombrée, pendant les trois dernières années surtout, je n'ai plus qu'un désir, celui de continuer à mériter l'estime des hommes de bien.

Si je n'ai pu, dans ce travail, développer tout ce que j'avais l'intention d'y dire, je me console en pensant que les autorités et le gouvernement du roi veillent au bien-être d'un établissement palpitant d'intérêt comme le nôtre, et que je puis me reposer sur leurs vues paternelles, en faveur des femmes confiées à nos soins pour alléger leur triste sort, et préparer pour elles un meilleur avenir.

PREMIÈRE PARTIE.

ÉTUDE

HISTORIQUE ET STATISTIQUE

L'ASILE DE LILLE.

Le naturaliste, l'homme de l'art, le mora-
liste peut-être, pourront se servir utilement
de ces recherches statistiques pour le bien
de la société.

BOTTIN, *Annuaire statistique du Nord.*

CHAPITRE Ier

PARTIE HISTORIQUE.

Les recherches sur l'origine de la maison des femmes en démence de Lille,
et sur ce qui a rapport à cet établissement de bienfaisance en des temps éloignés,
laissera toujours à désirer, car il est bien difficile de trouver à cet égard des
renseignements antérieurs à l'époque de la révolution française ; ce qu'on
n'ignore pas cependant, c'est que la maison des sœurs dites *de la Madeleine,*
qui était située rue de la Barre, et consacrée à la retraite des filles repenties,
avait, sous la direction d'un économe nommé par l'administration des hospices
de cette ville, un quartier spécialement affecté à un certain nombre d'aliénées
particulièrement de Lille et de ses environs ; en 1800 elle en contenait 60 ; et
depuis le 1er Janvier 1791 jusqu'à 1801 (fin de l'an IX), cette maison a reçu
283 folles dont 186 étaient de Lille même ; celles de ces insensées dont l'in-

digence était reconnue y vivaient aux frais du gouvernement, les autres étaient à la charge de leurs familles.

Les soins des femmes aliénées étaient attribués à Lille, aux sœurs de la Madeleine, en vertu d'une donation faite au magistrat, d'abord affectée aux personnes chargées de l'enterrement des pestiférés, puis à celles des filles repenties, remplacées enfin par les femmes folles.

Un digne magistrat, dont le pays gardera un éternel souvenir de reconnaissance, *Dieudonné*, deuxième préfet du Nord, nommé en l'an IX de la république (1801), s'occupa beaucoup des aliénés, et il fit tous ses efforts pour en améliorer le sort. J'emprunte au tome III de sa savante statistique du département, publiée en 1804, un passage qui donne une idée claire des maisons d'aliénés dépendantes alors de son administration, et des excellentes vues de ce philanthrope à cet égard, car c'est de là que date une ère de réorganisation et de bien-être que la providence réservait à ces malheureux de la Flandre, dont la voix paternelle de l'illustre *Pinel* venait aussi de briser les chaînes et que la charité allait enfin consoler partout.

» Le malheur qui prive l'homme de ses facultés intellectuelles, disait le préfet Dieudonné, a fixé aussi la sollicitude des êtres bienfaisants dans le département du Nord. Il y existait, avant la révolution, cinq maisons de force destinées principalement à recevoir les insensés des deux sexes : *deux à Lille*, l'une pour les hommes, l'autre pour les femmes, *une à Armentières* pour les hommes, *une à Comines* pour les femmes et *une à Valenciennes* pour les deux sexes. Ces établissements étaient aussi maisons de correction.

» La maison de force établie à Lille pour les hommes en démence, était administrée par vingt frères dits *Bons-Fils,* y compris le supérieur ; ils vivaient en commun du produit des pensions et avec les revenus qui étaient d'environ 4,000 fr. en maisons, terres et rentes ; sur quoi, ils étaient tenus d'entretenir les bâtiments et nourrir les pensionnaires ; la nourriture y était bonne et suffisante ; la qualité était proportionnée aux prix des pensions, *le local était très-resserré et par conséquent peu salubre :* il pouvait contenir 150 *individus*, mais il n'en renfermait, à l'époque de la révolution, qu'une centaine.

» La maison dite de la Madeleine, établie dans la même commune (rue de la Barre, à Lille), pour les femmes en démence, était dirigée par trente religieuses ; elle avait 4,000 fr. de rentes sur la ville, 125 fr. du produit d'une maison et environ 1,000 fr. provenant des visites que les religieuses faisaient en ville. Ces différentes sommes jointes aux produits des pensions, formaient un revenu total de 42,050 fr. qui faisait vivre 158 personnes, y compris les pensionnaires libres et quatre domestiques ; la nourriture y était saine et abondante, réglée d'ailleurs sur le prix des pensions. Les religieuses étaient chargées de l'entretien des bâtiments à l'exception du quartier des folles, dont l'entretien était à la charge de la municipalité.

» Quelques autres maisons qui avaient d'autres destinations, ont reçu aussi des insensées dans le cours de la révolution : *le dépôt de mendicité de Valenciennes*, celui *de Lille, et la maison destinée aux femmes libertines ou condamnées à Bavai*. Mais ces maisons, resserrées, malsaines, peu solides, mal distribuées, n'étaient pas propres à cet usage.

» Des cinq établissements du département ci-dessus nommés, il n'en reste plus aujourd'hui que deux, consacrés exclusivement à la réclusion et au traitement des individus tombés en *démence furieuse* : celui d'Armentières pour les hommes et celui qui est établi pour les femmes, à Lille.

« La réunion de ces infortunés dans ces deux maisons présente de grands avantages : l'air y est sain, les bâtiments sont commodes ; l'accumulation d'un grand nombre de pensionnaires permet d'améliorer le sort des détenus ; la surveillance, moins divisée, est plus efficace ; enfin, l'art de guérir pourra trouver plus facilement, dans un plus grand nombre d'observations réunies, les moyens ou de prévenir l'état de démence, ou d'y appliquer les remèdes convenables.

» Une autre opération a achevé d'assurer à ces établissements les secours que l'humanité réclame pour eux ; le mode d'administration auquel ils étaient soumis avant la révolution, n'avait pas encore été remplacé par un autre mode conforme au nouvel ordre de choses et assuré par les lois. J'ai considéré ces maisons sous leur véritable point de vue; j'ai remarqué que, par leur origine et leur destination, elles étaient de véritables établissements de bienfaisance ; je leur ai appliqué les lois des 16 Vendémiaire an V et 16 Messidor an VII; elles sont aujourd'hui régies par des commissions administratives, comme les autres maisons de secours; et l'on conçoit aisément les avantages qui résultent de cette administration paternelle.

» Des individus renfermés dans ces maisons, les uns sont entretenus à leurs frais ou aux frais de leurs familles, les autres sont à la charge du gouvernement et leurs pensions sont payées à raison de 60 centimes par jour, tous reçoivent, comme autrefois, une nourriture saine et suffisante ; tous participent aux mêmes soins dans l'état de santé comme dans celui de maladie. Les pensionnaires du gouvernement reçoivent les vêtements dont ils ont besoin ; on se conforme pour les autres aux conventions faites avec leurs parents ou leurs curateurs, d'après les différents prix de la pension.

» Les pensions produisent, année commune, 15,000 fr.; 12,000 proviennent des caisses publiques et 3,000 fr. des familles des détenues; ainsi les ressources de la maison de Lille s'élèvent à environ 18,300 fr.

» Le nombre moyen des détenues est de 65 dont 55 sont à la charge des caisses publiques.

» On recevait très-légèrement, autrefois, dans les maisons de force ; un ordre du maire, d'un juge-de-paix, d'un commissaire de police, souvent même une simple convention entre les parents et le directeur de la maison, suffisait pour faire enfermer un individu qui n'avait quelquefois que le malheur de déplaire ou de contrarier quelque petit intérêt : cet arbitraire a fixé ma sollicitude ; j'ai

---

dirigé l'œil de la médecine sur les malheureux que ces maisons recèlaient ; j'ai rendu à la liberté ceux qui ont été reconnus incapables d'en abuser ; j'ai établi, pour l'avenir, un ordre invariable et protecteur ; aucune admission n'a lieu que lorsqu'elle est prononcée par moi, et je n'en ordonne aucune que sur une enquête d'un juge-de-paix, un certificat d'officier de santé et une déclaration des autorités locales qui constate l'état de *démence furieuse*. (1) L'admission n'est gratuite que d'après des preuves légales d'indigence. »

M. le préfet Dieudonné, dans le passage remarquable ci-dessus mentionné, qui résume tout une époque, dit : *des cinq établissements d'aliénés du département, il n'en reste plus que deux;* mais il ne s'explique pas regardant les transfusions de ces maisons qui furent opérées durant son administration et par ses ordres.

En l'an **X** de la République (1802), ce magistrat a réuni à la maison de détention d'Armentières celle de Bavai et celle qui existait pour *hommes* à Lille, dont il vient d'être déjà question, et qui était dirigée par des frères du Tiers-Ordre qu'on appelait Bons-Fils (communauté que la révolution a supprimée), et c'est dans l'ancien établissement de ces religieux charitains qu'est le siège unique actuel de l'asile des femmes en démence du Nord : les biens des maisons destinées au traitement des aliénés ayant été exceptés des confiscations et conservés aux villes comme biens hospitaliers.

Les aliénées de la maison dite de la *Madeleine*, de la rue de la Barre, y furent transférées en 1803. Cette année, 93 femmes folles commencèrent à habiter la maison des frères Bons-Fils, située dans la rue dite de l'Abiette, actuellement rue de Tournai, 11; de ce nombre, 34 femmes originaires du département du Nord y furent admises peu de mois après, à l'exception de deux, ajoute l'annuaire de l'an XII, qui venaient du *département colonial de Dunkerque*; la maison ainsi organisée resta longtemps avec une population assez minime, ainsi qu'on peut le voir surtout par mon premier tableau, page 1 de la partie synoptique de cette notice. Elle portait le nom de *maison de détention pour insensées furieuses.*

M. Rohart, déjà chargé de la section des aliénées de la maison de la Madeleine, les accompagna en 1803 à leur nouvelle demeure dont il fut nommé directeur, fonction qu'il remplit jusqu'en 1811. Pendant ce laps de temps, il paraît que les écritures furent assez régulièrement tenues, et il existait, pour cet établissement naissant, une surveillance administrative en dehors du personnel de la maison, ce qui aidait sans doute à stimuler le zèle et à maintenir le régime avec des soins incessants et loin de tout abus.

---

(1) Une circulaire du 2 Août 1816, imprimée dans le recueil officiel des actes de la préfecture, contient des dispositions très-importantes sur les formes à suivre pour faire enfermer les insensés et sur les frais de leur garde, nourriture et entretien.

La loi sur les aliénés de 1838 est aussi venue apporter de grands changements dans cet état de choses, et M. Desmoussaux De Givré, préfet actuel du Nord, par sa circulaire du 1er Mars 1847, reproduite à la page 13, a prescrit les mesures les plus efficaces pour garantir la liberté individuelle, etc., des aliénés de ce département.

Vers 1811, M. Delezenne-Robart remplaça le premier directeur et il y fut régisseur à son compte jusqu'à 1830. Il ne m'appartient pas de chercher à savoir quels étaient les modes de soigner et de gouverner les malades ou aliénées durant cette période administrative, toutefois, est-il certain que la mortalité était bien plus grande alors qu'en tout autre temps, avec un nombre d'individus quatre fois moindre; il est vrai, ainsi que le dit l'*Annuaire du Nord* de 1830, de MM. Demeunynck et Devaux, que la *maison de Lille pour traitement des insensées avait besoin d'être restaurée et assainie* (1) ; mais je demanderai si le traitement d'alors reposait sur des principes et sur l'expérience, je demanderai aussi à quoi il faut attribuer les 42 décès de 1828 à 1829 sur 121 aliénées (2) ? Le service médical était-il régulier à cette époque, et des hommes de l'art spéciaux avaient-ils mission officielle de contrôler les actes des divers services et de surveiller l'hygiène de la maison? tout ferait pencher pour la négative, et les rapports officiels ultérieurs font assez voir que cet état de choses devait cesser.

En 1830, par les soins d'hommes éclairés, la maison d'aliénées de Lille passa entre les mains exclusives de l'administration des hospices et les bâtiments y furent immédiatement et complètement restaurés et agrandis. Au lieu de pouvoir seulement contenir 150 femmes, elle eut l'avantage d'être dans la possibilité de recevoir, *sans danger d'encombrement ou de trouble extraordinaire pour les personnes en traitement*, un nombre plus grand de pensionnaires et d'indigentes, 200 à 230 aliénées purent dès-lors y demeurer sans inconvénients.

C'est à partir de 1830, époque de sa réorganisation et restauration définitives, que ce grand acte philanthropique s'accomplit, par les soins surtout de *M. Lemesre-Dubrule*, l'un des administrateurs des hospices de Lille, et de M. le docteur *Th. Lestiboudois*, secondés puissamment par les magistrats de la ville et de ceux à la tête de l'administration départementale; dirigés par les mêmes principes, leur zèle si digne d'éloges assura un nouveau bien-être et plus de santé aux malheureuses aliénées. La statistique des années suivantes le prouve évidemment; les résultats furent si heureux, que la mortalité qui a été de 1 sur 6,37 en 1827, de 1 sur 4,78 en 1828, de 1 sur 3,97 en 1829 n'a été que de 1 sur 10,66 en 1830, et encore faut-il observer que, pendant cette année, la maison n'était pas achevée; des malades que la construction de l'ancienne maison n'avait pas permis de traiter, dit le *prospectus* du nouvel établissement, vu et approuvé par M. le Baron Méchin, préfet, et la commission administrative des hospices de Lille, le 22 Février 1833, *étaient dans un état désespéré*. En 1831 il n'y a eu qu'un décès sur 19

(1) Ses bâtiments n'avaient que 60 à 70 années d'existence et ils étaient solidement construits.

(2) De l'année 1826 au 2.e semestre de 1828, il y eut 45 décès, terme moyen, 18 par an.

individus. (1) Je dois dire qu'à partir de cette réformation de l'asile, les bénéfices sur les pensions furent consacrés à l'amélioration de la maison ; l'administration des hospices qui en eut la haute direction ne toucha aucun des deniers provenant des économies que l'établissement pouvait faire sans nuire aux besoins bien entendus de ses administrés; à partir aussi de ce moment le service fut entièrement réglé par le médecin qui s'occupa tout à-la-fois du traitement physique, du traitement moral et de la salubrité de la maison. -

Enfin le soin immédiat des malades fut confié au zèle de religieuses qui donnèrent des preuves multipliées de douceur, d'intelligence et de dévouement.

La maison des frères charitains, les Bons-Fils de Lille, devenue Asile des femmes en démence, fut bâtie vers le milieu du siècle dernier, sur le même plan que celle d'Armentières et de St.-Venant, qui ont appartenu au même ordre religieux. Elle n'était terminée qu'en partie à l'époque de la révolution. — M. Esquirol a dit que sa construction, ainsi que celle d'Armentières, ressemblait assez bien à celle de St.-Luc de Londres et à Bedlam, mais dans des proportions infiniment plus petites et avec beaucoup moins de luxe (page 471, tome 2 de son Traité des maladies mentales).

Il n'existait en 1830, des bâtiments actuels, que ceux des pensionnaires et des indigentes agitées ou bruyantes, appelés *Quartier fort*, situés au nord nord-est; (leur construction fut achevée en 1775), et le quartier, pas plus étendu des aliénées tranquilles, dans la direction de l'est-sud-est, qui date de 1762. Quant à l'église des frères, maintenant temple des protestants, et le bâtiment de l'administration situés au sud et sud-ouest et donnant sur la rue de Tournai, ils portent le millésime de 1778. Lors de la réorganisation de l'asile, il fut jugé nécessaire de l'augmenter de près d'un quart. Les bâtiments neufs derrière l'église et le quartier de l'administration, parallèles à eux, furent élevés en 1834, pour être consacrés particulièrement aux services des pensionnaires tranquilles, et à ceux de l'infirmerie et des Dames religieuses. Cette addition était fort nécessaire à cause surtout de l'accroissement incessant du nombre des aliénées et du besoin qu'on avait de mieux les classer et sous-diviser. Elle fut combinée de la manière la plus avantageuse pour les diverses nécessités d'un service trop compliqué pour un espace si étroit, car le total de la surface de terrain de l'Asile, logeant actuellement plus de 400 personnes, n'est que de 33 ares 23 centiares, moins d'un tiers d'hectare !

Ce serait ici la place de faire la description de la maison, de faire connaître l'étendue de ses divisions essentielles ; mais depuis longtemps l'emplacement de l'Asile de Lille est regardé comme insuffisant et l'administration supérieure en a reconnu le *déplacement urgent et nécessaire* (2) ; on s'occupe avec activité

(1) Voir page 2 de la partie synoptique de cette notice pour les années suivantes.

(2) Le Conseil général du département du Nord, dans sa session de 1844, a émis le vœu que l'asile d'aliénées de Lille soit transféré le plus tôt possible dans un endroit isolé.
Dans le rapport de M. le Préfet M.ce Duval au même Conseil, session de 1845, ce magistrat, en

à chercher un terrain hors de la ville, pour l'y établir d'une manière durable et tout-à-fait digne de sa destination, il y aurait donc inutilité de parler en détail d'un établissement qui, avant peu d'années, sera ailleurs et avec de nouvelles dispositions plus en harmonie avec ses besoins.

Je demanderai quel fruit on a tiré de la description si détaillée faite de la maison d'aliénés de *Charenton*, il n'y a que 20 années, par le vénérable Esquirol? — De tout ce qu'il a décrit et dépeint avec tant de clarté et d'exactitude de cette maison d'aliénés que reste-t-il debout? — Tout sera bientôt démoli, changé, il n'existera plus, dans peu d'années, que le souvenir de l'ancien Charenton à côté des noms impérissables de ses bienfaiteurs. Cet asile royal a entièrement changé de face, et c'est ce qui arrivera bientôt à l'asile de Lille, qui, touchant l'embarcadère où station intérieure du chemin de fer, et qui, par ce seul fait indépendamment des autres non moins contraires à son existence normale, devient absolument impropre à sa destination.

J'invite à consulter le rapport du conseil central de salubrité du département du Nord de 1830, où M. Lestiboudois reproduit un plan exact de l'établissement à cette époque, dressé d'après les ordres de l'administration des hospices et avec les projets d'agrandissement et de perfectionnement qui y ont été effectués depuis.

Je me contente seulement de joindre ici un croquis du plan linéaire de l'asile, tel qu'il est aujourd'hui ; on pourra y voir ses divisions essentielles sans qu'il soit nécessaire de description détaillée pour laquelle, d'ailleurs, le temps me manque aujourd'hui, ayant à fournir pour la session prochaine du Conseil général ce travail qui, en Juin, est à peine ébauché.

Avant 1830, la maison dont nous donnons un aperçu historique, pouvait donc n'être, à juste titre, regardé que comme un lieu de réclusion, une véritable maison de force et non une maison de santé ; en effet, les femmes aliénées étaient la plupart renfermées dans des loges obscures, humides ; on y voyait des grilles, des verroux nombreux, tous les moyens de réprimer et presque rien de ce qui pouvait contribuer à la guérison, enfin, la mortalité y était devenue énorme ; aussi, par son arrêté du 1.er Décembre 1828, M. le vicomte de Villeneuve, alors préfet du Nord, nomma-t-il une commission chargée d'examiner, de concert avec la commission administrative des Hospices, l'établissement de la maison des femmes en démence, le plan et le projet des améliorations proposées par la commission administrative, pour éloigner les causes d'insalubrité et assurer le succès du traitement des folles.

Le 16 décembre, les membres de cette commission se réunirent dans la maison des aliénées, à l'effet de remplir la mission qui leur était imposée ; ils

---

réponse sur cette partie du vœu exprimé par le conseil, dit : « L'administration cherche avec persévé-
» rance les moyens de transférer l'asile de Lille dans un local isolé et convenable, mais jusqu'ici
» ses efforts sont restés infructueux par la difficulté de rencontrer des terrains placés dans de bonnes
» conditions de salubrité et d'étendue, et dont le prix ne soit pas exagéré. »

étaient au nombre de neuf, MM. de la *Mairie et Vantourout*, membres du
Conseil général du département; *Revoire et de la Phalecque*, membres du Conseil
d'arrondissement, commissaires; MM. *le comte de Muyssart*, maire de Lille,
président de la commission administrative des Hospices; *Lemesre-Dubrulle
et Fevez-Ghesquière*, membres de cette commission, et MM. *Vaidy et Th. Lestiboudois*, délégués par le Conseil central de salubrité du département.
M. Lestiboudois fut nommé rapporteur de la commission. Le 22 Janvier 1829,
son *rapport sur les améliorations dont est susceptible la maison des femmes
en démence de Lille*, (1) fut arrêté et adressé à M. le Préfet; il y est dit: « En
» visitant la maison qui renferme les femmes en démence, votre commission,
» M. le Vicomte, a unanimement reconnu que de nombreuses améliorations
» étaient indispensablement nécessaires. Les plans proposés par la commission
» administrative *pour éloigner les causes d'insalubrité et assurer le succès
» du traitement des folles*, ont ensuite été examinés; votre commission
» reconnaît qu'il est utile: 1.º qu'on ne laisse subsister que *quelques cellules*
» pour les folles dangereuses et bruyantes; 2.º que celles qui sont tranquilles,
» soient placées *dans des dortoirs spacieux et bien aérés*; elle pense que l'on
» peut tirer un heureux parti des localités; que les causes d'insalubrité seront
» facilement éloignés; que le projet de la commission administrative des
» Hospices est établi sur une base avouée par les plus saines doctrines, et
» que si, dans la mise à exécution, on suit les principes exposés par votre
» commission, on fondera un Hospice qui remplira sa destination dignément
» et conformément aux vœux de l'humanité. »

Pleine satisfaction fut donné à ce rapport, immédiatement approuvé, et on
ne tarda pas à se mettre à l'œuvre pour réaliser de si utiles projets et faire
disparaître tous les vices de construction dans l'établissement fondé à Lille (2).
On a mis à exécution des plans longtemps médités, discutés par des gens
habiles, et qu'on a soumis au docteur Esquirol, dont on ne pouvait négliger
les lumières en pareille circonstance.

Le principe qui a dominé dans la construction de la maison, c'est
d'accorder aux aliénées toute la liberté que comporte la sûreté des gens
de service et celle des aliénées elles-mêmes. Non-seulement on a voulu bannir
toute contrainte inutile, mais on s'est efforcé de ne pas laisser deviner à l'œil
les précautions qu'on a prises pour s'assurer des personnes et les garantir des
accidents. Ainsi, pour citer un exemple, les fenêtres parfaitement disposées
pour éclairer et aérer les appartements, sont tout-à-fait dépourvues de grilles, et
pourtant elles sont construites de façon qu'il est impossible, même à une femme
en fureur, de les franchir. Des accidents ne pourraient arriver, même en sup-

(1) Voir le rapport du Conseil central de salubrité du Nord, 1830.

(2) *Prospectus* signé par MM. *Duméril, L. Brame, Delefosse, Danel, Mariage-Bonte*,
membres de la Commission administrative des hospice de Lille, 1833.

posant la plus grande négligence de la part des personnes chargées de ventiler les appartements.

Ce qu'on a voulu par-dessus toutes choses, dans la distribution du local, c'est la salubrité ; ainsi on a tenu à avoir des courants d'air partout aisés à établir, une facile distribution de l'eau dans toutes les parties du bâtiment et son libre écoulement, un éloignement de toute exhalaison permanente, malsaine, etc.

On a pensé qu'il importait surtout que les chambres habitées par les malades fussent convenablement chauffées ; aussi des calorifères ont-ils été établis de manière à répandre la chaleur non-seulement dans les réfectoires, les ateliers de travail, etc., mais encore dans les dortoirs.

Une question grave a été agitée ; il a fallu décider si les femmes aliénées seraient enfermées pendant la nuit dans des cellules, ou si elles coucheraient dans des dortoirs. On a pensé qu'en faisant un petit nombre d'exceptions, les dortoirs étaient infiniment préférables.

Le raisonnement, l'exemple d'un grand nombre de maisons modernes, l'opinion des auteurs les plus illustres ont concouru à faire prendre cette résolution. Il est inutile de rapporter ici tous les motifs de cette détermination, ils ont été développés dans le susdit rapport.

Toutes ces modifications urgentes opérées, la maison marcha d'une manière satisfaisante. Les Sœurs de la Congrégation des Filles de l'Enfant Jésus, de Lille, d'abord au nombre de six, dirigèrent les services sous la surveillance du médecin et de l'administration des hospices ; elles furent, à partir de 1830, seules chargées des écritures et de l'économat jusqu'en 1837, époque où un économe fut nommé, et au fur et à mesure de l'augmentation du personnel des aliénées, on en désigna davantage pour les divers emplois : les bains, l'infirmerie, la pharmacie, la lingerie, la cuisine, les ateliers et les dortoirs, ainsi que les entretiens de propreté. L'hygiène de l'Asile ainsi maintenue et perfectionnée, les soins devenus plus étendus et plus convenablement distribués contribuèrent à donner aux résultats statistiques un avantage remarquable et bien différent de celui des années où l'établissement était sous la direction d'intérêts privés.

Si une déplorable incurie a longtemps pesé sur le sort des aliénés en France, du moins, leur malheur sera désormais respecté ; la loi de 1838 est pour eux le gage d'une sollicitude assurée, et les outrages de l'ignorance sont devenus impossibles pour eux ; cette loi et l'ordonnance royale du 18 décembre 1839, portèrent la dernière impulsion aux perfectionnements physiques et moraux dont l'établissement de Lille était susceptible, et, en exécution de ces mesures législatives importantes, la maison des femmes en démence de Lille porta la dénomination d'*Asile public d'Aliénées*.

Les articles 1 et 2 de l'ordonnance royale disent : « Les établissements » publics consacrés au service des aliénés seront administrés, sous l'autorité » de notre Ministre Secrétaire d'État de l'Intérieur et des Préfets des départe- » tements, et *sous la surveillance de commissions gratuites*, par un directeur

2

» responsable. Les commissions de surveillance seront composées de cinq
» membres, nommés par les préfets et renouvelés chaque année par cinquième.»

L'article 7 dit : « Le directeur d'Asile (nommé ministériellement) est
» exclusivement chargé de pourvoir à tout ce qui concerne le bon ordre et la
» police de l'établissement dans les limites du réglement intérieur. »

Enfin, par l'article 8 : « Le service médical, en tout ce qui concerne le ré-
» gime physique et moral, ainsi que la police médicale et personnelle des
» aliénés, est placé sous l'autorité du médecin (aussi nommé par le Ministre
» de l'Intérieur), dans les limites du même réglement, arrêté en exécution
» de l'article 7 de la loi du 30 juin 1830. »

Par ces sages dispositions, bien des difficultés ont été aplanies. La Commission de surveillance dont les pouvoirs sont étendus et qui est chargée
de donner son avis sur toutes les parties du service, en se réunissant tous
les mois et même, suivant l'article 5 de l'ordonnance royale, toutes les fois
que les nécessités d'un service l'exigent, cette Commission, dis-je, peut
au besoin intervenir pour faire cesser les contestations, les empiètements,
les désaccords qui pourraient naître dans le personnel des services supérieurs.
Car il y a, certes, bien des points encore en litige, des questions fort embar-
rassantes et parfois difficiles à trancher, malgré les arrêtés récents et les réglements intérieurs, là où les fonctions de docteur et de directeur sont séparées ;
du reste, il est facile d'éviter bien des tiraillements, quand on a le bon esprit,
chacun, de rester dans ses attributions, tout en s'éclairant réciproquement,
dans l'intérêt général, du service administratif.

L'Asile de Lille reçut, sous l'administration de M. le vicomte de St-Aignan,
préfet, et par les soins paternels de ce magistrat, un réglement qui lui man-
quait encore ; il fut arrêté le 27 juillet 1844. Son projet fut d'abord soumis à
l'examen du directeur ; le médecin fut aussi appelé à donner son avis sur
les articles, spécialement dans les limites du service, dont il a la responsabilité ;
enfin, la commission de surveillance après en avoir examiné tous les articles
en séance officielle, donna ses observations, et c'est ainsi élaboré que le réglement fut adopté pour être mis immédiatement à exécution.

Dans sa lettre du 17 novembre 1842, M. le Préfet demanda l'opinion du
médecin sur le régime alimentaire ; de concert avec M. l'économe de l'Asile,
j'en rédigeai les bases ; le régime général de toutes les classes des aliénées et
le régime exceptionnel de l'infirmerie furent tour-à-tour réglés ; nous en par-
lerons aussi aux divers articles concernant la médecine et la diététique qui
seront mentionnés dans la seconde partie de ce travail, à propos des questions
hygiéniques que j'aurai à y traiter.

Avant d'aller plus loin, il est essentiel de parler, dans ce chapitre, de quelques considérations regardant la population toujours croissante de l'Asile de
Lille et de son encombrement qui a été vraiment dangereux en 1844 et 1845.

Ainsi qu'on peut le voir par la *statistique synoptique* de l'Asile, en 1830, il y avait à peine cent aliénées dans cet établissement, et en 1835, le total général de cette population s'éleva seulement à 160 individus.

En 1835, il y a eu dans l'Asile un total de 188 aliénées, pensionnaires et indigentes. Depuis cette époque, et surtout à cause de la loi du 30 Juin 1838, sur les aliénées et les établissements pour les soigner, la population de l'Asile s'est accrue successivement et elle a donné des totaux généraux bien au-delà de ceux que cette maison pouvait raisonnablement contenir sans nuire à ses administrées. Et le préfet *Dieudonné* évaluait, avons-nous dit, à 150, le nombre des aliénées qu'elle pouvait renfermer.

M. le docteur Lestiboudois, dans son rapport de statistique de 1841, parle de l'exiguité de cet établissement et des circonstances défavorables qui pesaient dessus et qui portaient obstacle à son amélioration, il n'y avait alors que 219 aliénées, au 31 décembre de cette année, la population générale ne s'était encore élevée qu'à 274 individus.

En 1842, M. Lemaire, directeur, fit une démarche près de l'autorité supérieure, afin d'obtenir l'autorisation de renvoyer des idiotes ou imbéciles non dangereuses, dans le but de diminuer la population, qu'il regardait déjà à cette époque comme trop forte pour un établissement aussi restreint et si mal disposé, (le nombre des aliénées ne s'était encore élevée l'année précédente qu'à 285) ; les mesures de prudence proposées par ce directeur furent approuvées par lettre de M. le Préfet, en date du 29 janvier 1843 ; ce magistrat adopta le projet d'évacuation d'un certain nombre de femmes de la susdite catégorie, qui, sur ma proposition, sortirent presque immédiatement.

Vers le milieu de 1843, 17 femmes du département de la Somme sortirent aussi de l'Asile de Lille, sur sa précédente proposition, et furent dirigées sur celui de Clermont. Par ces sages mesures on voulut éviter la concentration d'un trop grand nombre d'aliénées, toujours funeste quand l'espace manque pour les loger convenablement. Dailleurs, les admissions incessantes d'aliénées nouvelles du département du Nord, nécessitaient cet urgent désencombrement, dans l'intérêt de la santé physique et du traitement moral des malheureuses séquestrées.

Enfin, dans mon rapport semestriel, sur 265 aliénées retenues dans l'Asile, à l'époque du 1.er juillet 1843, je crus de mon devoir d'appuyer sur des considérations, regardant la surabondance du personnel de l'Asile de Lille, après études et observations suivies sur son état et sur ses besoins les plus pressants ; je joignis à ce rapport, le 14 juillet 1843, le paragraphe suivant :

« Le médecin de l'Asile, soussigné, fait des vœux pour que, malgré la sortie » récente des 17 aliénées de la Somme, dirigées sur Clermont, une réduction » soit opérée dans le nombre des aliénées de l'établissement. Au lieu de » 265 femmes comme à la fin de ce mois de juin, le chiffre de 230, à- » peu-près, serait préférable. On ne devrait jamais le dépasser. Par là, il n'y

» aurait plus à craindre les graves inconvénients physiques et moraux de
» l'encombrement, dans une maison si mal disposée. L'on arriverait aisé-
» ment à ce salutaire résultat, en faisant sortir quelques-unes des 50 femmes
» indiquées à cet effet dans le présent rapport. »

Cependant, l'Asile changea de face après la nomination d'un nouveau directeur, en 1843 ; ainsi, malgré même l'accumulation successive de la population dans la demeure restreinte des aliénées de Lille, par l'admission toujours croissante des femmes du département du Nord (1), il nous arriva coup-
sur-coup, à la fin du printemps, et au milieu de 1844, près de 100 femmes
étrangères au pays, pour lesquelles on fut obligé de faire de nouveaux dortoirs,
en sacrifiant même des greniers à cet effet.

Cinquante femmes, tant gâteuses que furieuses et idiotes incurables, furent
ainsi amenées par les diligences Laffitte et Caillard, en juillet 1844 ; elles nous
arrivèrent de l'hospice de la Salpêtrière de Paris et le département de l'Aisne se
débarrassa de même en cette année de ses aliénées les plus malades ; 39
d'entr'elles nous furent expédiées de Montreuil-sous-Laon, en mars et avril,
on les logea comme on put en mettant des lits les uns presque contre les autres.

Le nombre des aliénées s'éleva alors, pour certains jours, de 365 à 375, et le
total général de la population de l'Asile en 1844 et 1845, établi sur son
mouvement annuel s'éleva ainsi presqu'au double de ce qu'il était en
1840 et 41, quand déjà on se plaignait : il donna 421 et 461 individus !...
Quel traitement physique et moral pouvait-on faire subir alors au milieu
de tant de contacts qui aggravaient les maux ! On comprend aisément toute
la perplexité et toutes les souffrances qui nous accablaient.

Mais, dès l'année suivante, on commença par faire évacuer des aliénées étrangères arrivées en 1844. Les 5 et 6 novembre 1845, 36 femmes de la Salpêtrière (2) furent transférées dans l'Asile de St.-Venant (Pas-de-Calais), puis,
le 15 mai 1846, onze autres aliénées de la Seine y furent emmenées, et le 6
juillet même année, 13 femmes du département de l'Aisne furent dirigées bien
péniblement sur l'Asile de Fains (Meuse) ; si le départ de ces femmes n'avait
eu lieu, que serait aujourd'hui l'état sanitaire de l'Asile ! Si maintenant il y reste
encore de ces femmes étrangères, c'est faute de place dans les autres établissements jusqu'à l'automne prochain, aussi, en attendant la possibilité de leur
sortie, a-t-on été obligé de rendre libres quelques aliénées inoffensives du département du Nord, tellement l'urgence de désencombrer a été reconnue par
l'administration supérieure, et même, pour éviter l'admission de beaucoup de
nouvelles aliénées du pays, M. le Préfet actuel, qui s'occupe aussi du sort

---

(1) Le nombre des arrivantes du département du Nord, pensionnaires y compris, fut de 86 en
1843 et en 1844 de 75, ce qui, avec les étrangères, fit un total de 175, en cette dernière année !

(2) Voir page 21 de la partie synoptique pour l'ensemble de ces sorties forcées sans guérison.

des Asiles du Nord, a, par sa circulaire du 1er mars dernier à MM. les Maires (1), pris des mesures pour que les *aliénées dangereuses* seules soient dorénavant dirigées sur l'Asile de Lille.

Il n'entre ni dans mon plan ni dans mes attributions de parler de certaines affaires purement administratives, telles que celles concernant la transaction qui a terminé les contestations élevées par l'administration des Hospices de Lille, qui revendiquait la propriété foncière de l'Asile comme sienne, et a assuré, par ordonnance royale, à cet établissement comme à l'Asile d'Armentières, une existence libre et indépendante.

Je puis cependant dire que c'est de cette époque que date l'adjonction à l'Asile de plusieurs maisons peu profondes, ayant leur façade du côté de la

---

(1) Voici copie de cette pièce officielle :

MESSIEURS, l'article 18 de la loi du 30 juin 1838, qui a autorisé le placement d'office, dans un établissement d'aliénés, de toute personne interdite ou non interdite, dont l'état d'aliénation compromettrait l'ordre public ou la sûreté des personnes, décidé que les ordres des préfets seront motivés et devront énoncer les circonstances qui les auront rendus nécessaires.

Les renseignements fournis par les médecins, sur l'état des malades dont la séquestration est demandée, sont souvent fort incomplets, et il devient dès-lors difficile d'accomplir les prescriptions si sages de la loi. L'humanité commande, cependant, d'apporter la plus grande réserve et de ne négliger aucune précaution lorsqu'il s'agit de priver un malade des soins et des consolations qu'il pourrait recevoir dans sa famille. La loi sur les aliénés n'a pas eu seulement pour but de favoriser l'application des meilleurs moyens curatifs à la plus cruelle des infirmités ; elle a voulu également garantir à-la-fois la liberté individuelle et la sûreté publique, et a posé à cet effet des principes qu'il importe de toujours observer strictement.

J'ai décidé, en conséquence, que toute admission d'aliéné dans un Asile spécial, devra être précédé à l'avenir d'une enquête minutieuse sur l'état du malade, sur les faits qui caractérisent la maladie et sur le danger qu'il y aurait de le laisser en liberté. Les voisins, ainsi que les autres habitants qui pourraient donner des renseignements à ce sujet, seront entendus dans cette enquête, dont le procès-verbal, rédigé par vos soins, devra être joint aux autres pièces exigées par les instructions.

S'il résulte du certificat du médecin et des informations recueillies que l'aliénation est dangereuse, le malade sera conduit, à votre diligence et aux frais de la famille ou de la commune, dans l'hospice le plus voisin, où, pendant quatre jours, il sera l'objet des observations des médecins de l'établissement. Le cinquième jour, le médecin principal adressera à la commission de l'hospice, pour être transmis à M. le Sous-Préfet ou à moi-même pour l'arrondissement de Lille, un rapport détaillé sur la situation dangereuse de l'aliéné et sur la nécessité de le faire traiter dans un établissement spécial.

En prescrivant ces mesures, mon intention est d'éviter que le contact des autres aliénés ne vienne, au moment où la folie se déclare, aggraver la situation du malade. Elles sont donc applicables à toutes les communes, et désormais aucun placement d'office ne pourra avoir lieu, dans les asiles du département, qu'en vertu de l'arrêté que je suis appelé à prendre par l'article 18 précité. Les hospices et hôpitaux qui n'auraient point encore pourvu aux moyens d'assurer d'une manière convenable la garde provisoire des malades qu'ils sont tenus de recevoir, devront, aux termes de l'article 24, faire approprier immédiatement les locaux nécessaires au service. Je ne doute pas de tout leur empressement à seconder les vues de l'administration, car il ne s'agit pas moins d'un devoir d'humanité que d'une obligation légale à accomplir.

Je ne terminerai pas sans vous recommander, Messieurs, de recueillir des renseignements aussi exacts qu'il sera possible de les obtenir sur la situation financière des aliénés signalés comme indigents. Vous devez veiller avec un soin tout particulier, à ce que des familles, pour se soustraire à leurs charges domestiques, ne cherchent point à mettre au compte du département et de la commune, des frais qu'elles seraient en position de supporter.

Agréez, Messieurs, l'assurance de ma considération distinguée.

Le *Préfet du Nord*,

EM. DESMOUSSEAUX DE GIVRÉ.

Lille, le 1er mars 1847.

Voir la brochure du docteur A. Faivre, de Lyon, intitulée : *Examen critique sur le projet de loi sur la séquestration des aliénés*, 1838.

rue des Buisses, et qui autrefois avaient fait partie de l'établissement des Bons-Fils. Cette acquisition, dont le projet était déjà signalé dans le rapport de M. Lestiboudois, de 1829, (page 82), a permis de faire plusieurs pièces nouvelles, très-convenables pour chauffoirs, une division pour épileptiques et plusieurs dortoirs pouvant contenir une cinquantaine de lits. Du reste, cette acquisition, qui a permis de s'agrandir, aurait été d'un plus grand secours et elle aurait été mieux appréciée, si, aussitôt après l'incorporation de ces pièces, les femmes de l'Aisne et de la Seine n'étaient arrivées pour envahir le peu de place qui, sans cela, serait resté en réserve pour mettre la population ancienne plus à son aise.

Il ne me convient pas de même de parler autrement des projets du Conseil général et de ses vœux exprimés dans les questions des Asiles que comme tout particulier pourrait le faire de choses qui sont passées dans le domaine de la publicité. Je dirai donc seulement, que dans ses sessions des années dernières, le Conseil général s'est beaucoup occupé des dépenses et du prix des journées pour les aliénées indigentes du département, et qu'il a aussi agité la question de savoir si *les Asiles d'aliénées ne pourraient pas être déclarés départementaux.*

D'assez longs débats sur ce point ont occupé surtout la séance du 27 août 1845. Adoptée à la majorité de 18 voix, cette question a été formulée de la manière suivante :

« Le département du Nord demande à être rendu propriétaire des Asiles de » Lille et d'Armentières, à la condition qu'il fondra deux Asiles, un pour les » hommes et un pour les femmes, contenant chacun 500 aliénés.

» M. le Ministre de l'intérieur aura la faculté de faire traiter, dans ces » Asiles, les aliénés qu'il désignera, jusqu'à concurrence des places vacantes » et aux conditions déterminées par les réglements. »

M. Maurice Duval, préfet, dans son rapport au Conseil général, session de 1846, s'exprime de la manière suivante, en réponse à cette proposition :

« J'ai soumis, Messieurs, le 11 septembre, cette délibération à M. le Ministre, en insistant sur les motifs qui l'avaient dictée, et qui m'avaient paru puisés dans une juste appréciation des intérêts départementaux ; mais M. le Ministre m'a répondu, le 7 février, que le vœu du Conseil général était inadmissible, parce que, d'une part, les Asiles étaient des établissements indépendants dont le gouvernement n'avait pas le droit de transférer la propriété au département, et parce que, d'autre part, le département s'imposerait des charges considérables, sans aucune compensation réelle, soit sous le rapport de la surveillance à exercer sur les Asiles, soit sous le rapport de la fixation du prix de journée.

ÉTAT ACTUEL ET SERVICE MÉDICAL
DE L'ASILE DE LILLE.

Dejà j'ai parlé de la population de l'Asile de Lille, à différentes époques, et de ses mouvements et changements divers. Ces détails sont aussi signalés, jusqu'au temps actuel, dans la partie synoptique de cette notice; d'un autre côté, ainsi que nous l'avons dit précédemment, la deuxième partie de cet ouvrage doit être spécialement affecté à l'étude hygiénique et médicale de cet établissement. Nous ne pouvons donc entrer ici dans de grands développements à cet égard. Cependant, pour répondre autant que possible au vœu exprimé par le Conseil général du Nord, et malgré l'existence du réglement intérieur, fort étendu, de l'Asile, qui peut être consulté au besoin par le conseil et autres administrateurs, nous allons faire connaître quelques détails sommaires concernant l'état actuel de l'établissement confié à nos soins, nous réservant, du reste, de revenir d'une manière étendue sur ce chapitre, quand le temps pressera moins, car il demande une extension qu'il ne nous est pas donné de produire en ce genre.

Quant à la partie administrative proprement dite de l'Asile, aussi demandée par le Conseil général, il n'appartient pas au médecin de s'en occuper; à chacun sa mission et ses devoirs.

L'une des plus importantes améliorations qui aient été introduites depuis quelques années dans le traitement de la folie, est la classification méthodique des aliénées.

Classement.

L'Asile de Lille, dont le plan ci-joint fait voir l'ensemble, est divisé autant que sa construction a pu le permettre, en huit quartiers ou catégories qui ont pour base la nature des affections, et qui sont désignées comme il suit, avec leur population:

Quartier des pensionnaires tranquilles et propres : le plus souvent de 25 à 35.

Id. des pensionnaires agitées, bruyantes ou malpropres, 26 à 30.

Id. des aliénées d'office, calmes, propres, la plupart laborieuses, 100 et plus.

Quartier des idiotes ou démentes calmes, propres, inactives, de 50 à 80.

Id.   des furieuses ou agitées ou malfaisantes, 30 à 40.

Id.   des idiotes gâteuses avec ou sans paralysie, 50 à 55.

Id.   des épileptiques avec aliénation mentale, 17 à 20.

Id.   des malades et infirmes sédentaires, 15 à 20.

Il est facile de voir que cette classification des quartiers des aliénées de Lille n'offre pas toute la régularité et la perfection désirables ; il faudrait plus de sous-divisions, plus d'espace, mais on a fait ce qu'on a pu , la maison est ainsi faite, et en attendant mieux, elle doit marcher de la sorte encore quelque temps, elle est tolérable et satisfait aux principales exigences, mais, malheureusement, l'encombrement et les contacts déplorables sont pour ainsi dire inévitables dans l'ordre actuel des choses.

Personnel de l'établissement.

Outre les employés supérieurs de l'Asile, c'est-à-dire ceux chargés du service administratif, dont il sera parlé plus tard, il y a des religieuses et des domestiques ; les sœurs, auxquelles le service intérieur de la maison est confié, sous l'autorité du directeur et du médecin, chacun en ce qui le concerne , sont en ce moment au nombre de vingt (1). Elles seules peuvent être attachées au service direct des aliénées. Elles distribuent et soignent les vêtements , les aliments et tous les autres objets nécessaires au service ; elles surveillent les chauffoirs, dortoirs et ateliers de travail ; elles accompagnent les aliénées dans leurs promenades et exercices hygiéniques réglés par le directeur et le médecin. Enfin le médecin détermine la conduite que les religieuses doivent tenir envers les aliénées et la manière dont elles doivent les traiter.

Quant aux préposées et servantes, actuellement au nombre de quinze (2), elles aident les sœurs dans leurs divers emplois et elles sont surtout pour les gros et fatigants emplois de la maison et les soins individuels d'alimentation et de propreté, partout où les besoins le commandent.

------

(1) Les divers emplois des sœurs sont la lingerie, la cuisine, les ateliers, l'infirmerie, la pharmacie, les bains, les services généraux et de quartiers, les surveillances, etc.

(2) Parmi les employées séculières, il y a portier, commissionnaire, lingère, couturière, filles de bains, de cuisine, de salles, de propreté, etc.

Coucher et lever des aliénées.

Les aliénées ne restent pas dans leurs dortoirs durant le jour comme cela se fait dans certains établissements, mais elles en descendent dans les chauffoirs ou ouvroirs, sous la surveillance des sœurs, conformément à l'article 97 du réglement intérieur, à six heures du matin, en toutes saisons, pour se recoucher à huit heures et demie ; les bruyantes et agitées font exception à cette règle, elles se couchent à cinq heures et demie, du 1ᵉʳ Octobre au 1ᵉʳ Avril, et à six heures et demie pendant les six autres mois, si le médecin le trouve convenable.

Chaque nuit, deux veilleuses prises à tours de rôle parmi les religieuses, sont chargées de faire au moins quatre rondes, à l'effet de parcourir et de visiter toutes les salles et cellules occupées par les aliénées ; la dernière ronde a lieu entre quatre et cinq heures du matin.

En cas d'accident ou de besoin pressant, elles doivent appeler sur-le-champ les religieuses les plus voisines, pour leur prêter aide.

Outre ces religieuses surveillantes de nuit, il y en a qui ont leur chambre à côté de chaque dortoir et qui en entendent les moindres bruits ; il y a aussi des domestiques qui ont leur lit dans les dortoirs communs, elles couchent habituellement au milieu des folles, sans qu'il leur arrive le moindre désagrément de la part de ces femmes. Il est vrai de dire que les dangereuses sont avec camisoles de force et attachées dans leur lit en fer.

Les religieuses et préposées ou servantes se lèvent à cinq heures du matin et se couchent à neuf heures du soir.

Travail. — Occupations.

Les femmes capables de travailler sont occupées, sur l'avis du médecin, soit aux ouvrages de propreté sous surveillance, soit dans les ateliers. C'est ainsi que les convalescentes, les démentes calmes et même certaines maniaques aident au ménage, font les lits, les dortoirs, mais jamais seules ; les sœurs ou les domestiques les accompagnent. C'est là un excellent moyen de leur donner de bonnes habitudes d'ordre et de propreté, qui leur servent ensuite quand elles rentrent dans le monde. C'est d'ailleurs aussi un exercice qui est loin de faire du tort à la santé, car le travail est un puissant moyen

de rétablir la raison des aliénées curables, et de porter le calme dans l'esprit de celles dont on ne peut plus espérer de guérison. Comme le dit avec raison mon collègue d'Armentières, M. Butin, le travail procure le sommeil aux malheureux atteints d'insomnie, et bannit les vices qui sont les conséquences du désœuvrement, tout en maintenant la tranquillité dans les asiles. Les aliénées occupées continuellement aux gros ouvrages ont une indemnité de 5 à 10 centimes par jour, quelquefois moins, selon les cas.

Ateliers de l'Asile.

Les aliénées plus intelligentes, et ayant un état, sont employées à la couture, aux ravaudages; beaucoup font de la dentelle, même de prix; il y en a qui tricotent, qui font des chemises et autres vêtements de commande. J'en ai vu parfois jusqu'à près de cent ainsi à l'ouvrage, et en général elles le font avec zèle et ardeur, d'autant plus qu'elles sont stimulées par l'appât d'un petit gain qui leur sert ensuite pour des menues dépenses d'agrément, tel que l'achat de café, de sucre, de fruits. Elle ont le tiers du bénéfice que leur travail procure; il leur est remis au moment de leur sortie; le reste est pour la maison. J'ai toujours pensé que la moitié du gain serait pour elles une rétribution plus juste et plus encourageante dans la triste position de ces pauvres séquestrées. Le travail doit être un moyen de guérison et non un moyen de spéculation, a dit un administrateur déjà cité, et le bénéfice est du reste de bien peu d'importance en comparaison du but qu'on veut atteindre.

Il y a un atelier provisoire où sont placées des femmes récemment sorties d'accès de manie, et que l'on veut discipliner tout en les étudiant et surveillant encore avant de les placer définitivement à l'atelier principal des calmes.

Les sœurs ne laissent jamais à la disposition des aliénées, d'après l'art. 87 du réglement, des instruments dangereux, même les lingères les moins à craindre rendent aux surveillantes les ciseaux qui leur ont été confiés le matin.

Distractions. — Consolations.

Pour ne pas laisser les femmes toujours à la même occupation, on les fait descendre dans les cours et marcher en rang en chantant pendant une demi-heure au plus, selon le temps; il y a aussi des sorties de quinze à vingt-cinq femmes à la fois. Des promenades se font à la campagne en compagnie de sœurs en nombre suffisant ; une liste faite le matin même de ces excursions, par le médecin, désigne les femmes qu'il juge en état de recevoir une telle récompense. On n'a pas encore eu à se repentir de cette mesure salutaire d'encouragement, qui est cependant téméraire aux portes d'une cité si populeuse; mais il faut tirer parti de tout, puisque les moyens manquent dans l'intérieur de la maison.

Les jeux de volant, de corde, de cartes, de domino, de loto sont aussi fort goûtés par les aliénées tranquilles, lors de leurs heures de récréation. Il ne peut y avoir qu'avantage à faire diversion par ces moyens aux idées fixes, aux illusions et aux conceptions délirantes.

Chant. — Lecture.

Dans le grand atelier, sur ma demande expresse, et à l'exemple de M. le docteur Leuret, de Bicêtre, on s'exerce aussi aux chants ; on apprend aux aliénées à former des chœurs, qui sont d'un bon effet; plusieurs femmes chantent fort bien et en mesure ; elles stimulent les autres qui cherchent, par amour-propre, à les imiter.

Des lectures alternent avec ces exercices vocaux. Les sœurs, à une heure désignée, lisent dans des livres de morale et d'histoire, que le médecin leur confie, et qui ont été achetés aux frais de la maison. Celles des aliénées qui savent lire, ont aussi l'avantage d'avoir des livres à leur disposition; selon leur état mental, il leur est prêté par le médecin tel ou tel livre qu'elles doivent soigner et lire à des heures désignées; les livres sont, bien entendu, choisis de manière à ne pas exciter les passions et à ne pas entretenir les aberrations existantes ; aux folies tristes, aux mélancolies religieuses, etc, il est donné, de préférence, des ouvrages gais et amusants, capables de ramener le calme et la sérénité dans les esprits inquiets et troublés.

Correspondances.

Il est permis aux aliénées d'écrire à leurs proches, ainsi qu'aux magistrats; toute lettre est expédiée après que connaissance en a été prise par le directeur et le médecin, afin de juger des améliorations obtenues dans l'état mental de la malade (Article 93).

Toute lettre adressée à une aliénée, ne lui est remise qu'autant que le directeur et le médecin, après en avoir pris lecture, la jugent non susceptible de lui causer des impressions fâcheuses. Aucun livre, journal, gravure, dessin, lithographie, musique, ne peut être communiqué aux aliénées, sans une autorisation spéciale.

Visites des parents.

Les parents ou amis des aliénées, qui y sont autorisés, ne peuvent les voir qu'au parloir, sur la présentation d'une permission du directeur et du médecin ; elles y sont amenées par une sœur surveillante, qui reste présente pendant la visite, qui ne peut durer plus d'une demi-heure, à moins d'une permission expresse.

Si les parents habitent Lille, ils ne sont reçus, ceux des dames pensionnaires, que le premier Lundi de chaque mois, de deux heures à quatre heures, et ceux des indigentes, que le deuxième et le quatrième Lundis, aux mêmes heures. Ces visites, quand elles ont été autorisées, ne peuvent durer qu'un quart d'heure et elles sont surveillées.

L'article 100 du réglement défend aux visiteurs l'introduction d'aliments, de pâtisseries, fruits, boissons et de tabac; il n'y a des exceptions que lorsque le directeur et le médecin ont accordé une permission spéciale, mais cela est fort rare.

Exercices religieux.

Tous les dimanches, jours de fêtes et jeudis, il y a messe et salut pour les aliénées désignées par le médecin. La moitié des sœurs seulement qui desservent l'Asile quittent leur service pour s'y rendre ; plus de cent aliénées peuvent assister à ces cérémonies religieuses, qui sont pour elles d'un grand prix et d'une utilité incontestable, de même que les sermons faits aux jours que le directeur et le médecin indiquent, avec les noms des femmes qui peuvent sans inconvénients y assister. L'art. 53 du réglement dit à cet égard: « L'aumônier ne peut pas plus qu'aucun autre prêtre prêcher devant les

» aliénées qu'avec l'autorisation du directeur, et être admis auprès d'elles
» que sur l'avis du médecin, et qu'après en avoir reçu des renseignements
» précis sur le genre d'aliénation dont elles sont atteintes, afin d'éviter tout
» ce qui pourrait contribuer à entretenir la maladie. »

Des prières en commun et en français sont dites dans les salles, le matin
et le soir, ainsi qu'aux heures des repas; elles ne peuvent pas se prolonger
plus de cinq minutes. L'art. 57 du réglement indique la nature de ces prières.

Les dévotions sont faites à des jours de fêtes fixées, et les secours de la
religion ne sont jamais refusés quand la disposition mentale ne les contre-
indique pas, et qu'il n'y a pas tendance vers des abus. Ils sont administrés
avec prudence et réduits à ce que peuvent comprendre de faibles et maladives
intelligences.

Repas

Les aliénées tranquilles prennent leurs repas en commun dans les salles
destinées à servir de réfectoires. Les autres, qui ne peuvent rester libres sans
danger, reçoivent leur nourriture des mains des sœurs ou des domestiques.
Il y a déjeûner, dîner et souper ; la nourriture est abondante, saine et
variée (1) ; les heures de repas varient selon les classes, ainsi que la nature des
aliments. Le réglement, par son article 104 fort étendu et bien mûri, guide
aussi en cela ; elles sont fixées de manière à ce que tous les services se fassent
le plus régulièrement possible et avec ordre continuel. Le régime particulier,
pour les aliénées en traitement est suivi exactement. L'article 94 du réglement dit d'ailleurs qu'il est expressément défendu aux religieuses et autres
employées de la maison, de s'opposer aux ordonnances du médecin ou de ne
pas les exécuter; de rien prescrire de leur propre mouvement sur cette partie
du service.

Soins de propreté.

D'après les articles 95 et 96 du réglement, les aliénées nouvellement arrivées ne peuvent, avant la visite du médecin, être introduites dans l'intérieur
de l'établissement, ni communiquer avec les autres aliénées ; il ne peut être
pris aucune mesure d'hygiène à leur égard avant cette visite. Après la visite

(1) L'eau qui sert aux préparations culinaires de l'Asile est excellente, très-potable; elle permet
la cuisson des légumes et les solutions de savon, car elle contient très-peu de sulfate de chaux. Les
sels les plus remarquables, que l'analyse y fait découvrir, sont le chlorure de sodium surtout, et un
peu de chlorure de magnésium.

et l'accomplissement des soins de propreté prescrits, une sœur les conduit dans le quartier désigné pour elles par le médecin, selon leur état.

Les aliénées changent de linge tous les dimanches ; les draps sont renouvelés tous les mois.

Cette disposition ne s'applique pas aux malades gâteuses et furieuses, qui changent de linge aussi souvent que leur état le rend nécessaire.

La propreté qui règne dans l'Asile fait honneur aux personnes à qui ces soins généraux et particuliers sont confiés.

Vêtements.

Il y a un uniforme fort convenable pour les habillements des femmes ; il change selon les saisons. Il est agréable de voir un costume régulier, cela offre un coup-d'œil satisfaisant et contribue au contentement que nos aliénées éprouvent par tous ces soins de détail, qui leur font voir qu'elles sont loin d'être abandonnées : c'est une consolation pour celles chez qui la sensibilité n'est pas éteinte, et il y en a beaucoup de ce nombre qui sentent malheureusement leur cruelle position ; l'on ne saurait trop chercher à alléger leurs souffrances par tous les moyens que la charité peut inspirer.

La deuxième partie de cette notice mentionnera les genres et le nombre des habillements pour les diverses catégories, car c'est là aussi une question hygiénique. (1)

Chauffage.

La maison est partout chauffée, durant les froides saisons, au moyen de calorifères, dont les grands fourneaux placés dans les réfectoires bas et dans les caves, envoient de la chaleur par de volumineux tuyaux dans les dortoirs, ateliers, etc., jusqu'aux combles de toutes les parties de l'établissement. La fille des bains est chargée d'entretenir tout le jour les feux des foyers.

(1) Nous pouvons dire, cependant, pour donner une idée générale de l'uniforme des aliénées séquestrées du Nord, qu'elles ont, en été, une robe printanière rayée en bleu, un fichu dit de Rouen, rouge à carreaux ; un tablier bleu, un bonnet blanc de coton, garni ; bas bleus et souliers.

En hiver, les mêmes femmes, calmes et propres, ont une robe en beige noire, et leur bonnet est en indienne lilas. Elles portent aussi des bas de laine et des sabots.

Quant aux furieuses et idiotes gâteuses, elles ont une blouse bleue en toile durant l'été, plusieurs jupes en laine, selon les saisons, et un bonnet de toile bleue. La camisole est mise en-dessus ou en-dessous de la blouse, selon les cas. Les bas sont en laine l'hiver, et les sabots ne sont portés que par les femmes inoffensives.

SERVICE MÉDICAL.

Il n'est pas inutile de donner une idée des attributions du médecin de l'Asile, en transcrivant littéralement les articles principaux du réglement qui le concernent : j'arriverai brièvement à ce but ; après quoi je dirai, pour terminer ce chapitre, quelques mots des moyens et de la méthode de traitement mis en usage dans l'Asile qui nous occupe, outre les moyens moraux déjà mentionnés.

L'Article 15 du réglement intérieur de l'Asile de Lille dit :

Le service médical en tout ce qui concerne le régime physique et moral, ainsi que la police médicale et personnelle des aliénées, est placé sous l'autorité du médecin, qui sera tenu de résider dans l'établissement. (S'il y avait place, le médecin, qui reste vis-à-vis, s'empresserait de se conformer à cette injonction).

Article 16, ce service comprend :

1° La prescription médicale et la surveillance des médicaments.

2° La qualité et la nature des aliments et boissons à accorder par jour aux aliénées malades ou bien portantes, lorsqu'il y a lieu d'apporter pour une ou plusieurs d'entre elles des modifications au régime ordinaire.

3° La classification des malades dans les différents quartiers de l'Asile, le choix des cellules ou salles à ce destinées où elles seront placées.

4° Le lieu et la durée des réclusions auxquelles on peut être obligé de les soumettre ; le degré de liberté dont il convient de les laisser jouir.

5° Les personnes et les objets avec lesquels il faut éviter de les mettre en contact.

6° Les moyens de répression et d'encouragement à employer à leur égard.

7° Les différents genres d'amusements et de travaux auxquels il convient de les occuper.

8° Et enfin la direction et la surveillance des sœurs infirmières, surveillantes, gardiennes, dans les emplois qui regardent immédiatement le service hygiénique et médical.

Article 17. Si pour le service dont il est chargé et principalement sous le rapport sanitaire, le médecin croit utile de faire des propositions ou des demandes quelconques, il les adresse au directeur qui y fait droit dans le plus court délai, ou en cas de dissentiment en réfère immédiatement au Préfet, en joignant à son rapport les observations du médecin.

Article 18. Dans le premier mois de chaque semestre, le médecin remet au directeur un rapport rédigé par lui, sur l'état de chaque personne retenue dans l'Asile, sur la nature de la maladie et les résultats du traitement, et ce rapport est immédiatement adressé au Préfet.

Article 19. Sur les registres tenus par le directeur, en vertu de l'article 12 de la loi du 30 Juin 1838, le médecin consigne, au moins tous les mois, les changements survenus dans l'état mental de chaque malade. Il inscrit également ensuite les causes des décès. Ces déclarations sont écrites ou au moins signées par lui.

Article 20. Les déclarations prescrites par les articles 11 et 23 de la loi, sont aussi inscrites par le médecin sur les registres sus-mentionnés.

Article 21. Il remet en temps utile au directeur les certificats à délivrer, en vertu des articles 8, N° 3, § 2 et 11 de la même loi.

Article 23. Lorsque la sortie d'une aliénée est requise par l'une des personnes désignées en l'article 14 de la même loi, le médecin en est prévenu par le directeur. Si le médecin pense que l'état mental de la malade pourrait compromettre l'ordre public et la sûreté des personnes, il remet de suite son avis par écrit au directeur. Dans le cas contraire, l'aliénée est conduite au parloir et le directeur la fait remettre à la personne qui a requis la sortie.

Article 24. L'avis du médecin sera réclamé pour toutes les sorties à autoriser, même lorsqu'il s'agira du transférement d'une aliénée dans un autre établissement.

Article 25. Le médecin visite toutes les aliénées régulièrement le matin, avant neuf heures. La visite du soir se fait à l'heure qu'il juge le plus convenable. (Dans le jour, il y a d'autres soins et études secondaires).

Le médecin fera connaître à l'avance au directeur et à la supérieure, les heures qu'il aura fixées pour ses visites.

Article 26. Dans ses visites du matin, le médecin se fait accompagner par la sœur infirmière, chargée d'administrer les médicaments et remèdes, et par la sœur surveillante attachée à chaque salle et réfectoire.

Aussitôt que la visite du médecin sera annoncée par la cloche, les sœurs qui viennent d'être désignées se rendront à leur poste, afin de donner tous les renseignements qui leur seront demandés sur la situation des malades.

Article 27. Les cahiers de visite devant servir de base à la comptabilité des matières, sont certifiés et signés, chaque jour, par le médecin et remis à l'économe, immédiatement après la visite.

L'économe prendra connaissance des prescriptions alimentaires et enverra le cahier de visite au pharmacien (1) de l'Asile qui devra délivrer, avant midi, les médicaments simples et composés. En cas d'urgence, les prescriptions seront exécutées à l'instant et délivrées à la personne qui remettra l'ordonnance du médecin.

Article 29. Les médicaments sont fournis par un pharmacien de la ville,

---

(1) Depuis quelque temps, les médicaments magistraux ordinaires sont préparés par la première des sœurs infirmières, ce qui évite beaucoup d'inconvénients et de retards.

d'après les prescriptions inscrites sur le cahier de visite du médecin. Ils seront, sous la surveillance du médecin, administrés aux malades par la sœur infirmière, toutes les fois qu'il n'en aura pas été ordonné autrement.

Article 30. Les douches ne peuvent être données qu'en présence et sous la direction du médecin.

Il est dit aussi, dans ce réglement, à l'article 41 : le médecin adresse à la sœur supérieure ses observations sur l'ensemble du service médical, et les avis à donner aux sœurs, pour les changements qui doivent être opérés dans les diverses parties de ce service, leur parviennent également par l'intermédiaire de la supérieure, sauf, ce qui est prévu par l'article 13 et qui consiste, en cas d'urgence, à obliger les sœurs à exécuter des ordres directs, soit du directeur, soit du médecin, chacun en ce qui le concerne ; toutefois la supérieure, dans ce cas, est informée des dispositions prescrites.

Enfin, entre beaucoup d'autres articles fort importants du réglement inté-rieur de l'Asile de Lille, et qu'il serait trop long de rapporter ici, je citerai encore le quatre-vingt-sixième qui dit : les religieuses exercent une surveillance particulière sur les aliénées signalées par le médecin, comme ayant du penchant au meurtre ou au suicide.

Celles qu'un état habituel de fureur porte à dégrader leurs cellules, sont l'objet de fréquentes visites jour et nuit.

On voit par tout cela les avantages que procure un réglement bien coordonné, il aplanit les difficultés, règle toutes choses et rend les services plus aisés et plus prompts.

J'ai tenu à rapporter ces articles, qui ont plus immédiatement trait au service médical, parce qu'ils peuvent, en quelque sorte, servir d'introduction à ce qui me reste à dire concernant le traitement physique et moral des aliénées, en faisant connaître les ressources officielles dont le médecin peut disposer dans ses sérieuses et utiles fonctions.

Le traitement médical des aliénées peut se diviser, on le sait, en général et en individuel, et chacun de ceux-ci est, selon les circonstances, tour-à-tour physique, moral et disciplinaire.

Loin de moi la prétention de chercher à développer ici des questions aussi compliquées que celles qui ont rapport au traitement des aliénés, car je pense que ce n'est pas là ce que désire le Conseil général ; c'est aux auteurs qu'il faut recourir pour se faire une idée de tout ce qu'il présente de difficile, de varié, et, je dois le dire, d'obscur dans bien des cas. Que *Pinel, Georget, Esquirol, Ferrus, Calmeil, Foville*, et tant d'hommes éminents de nos jours fassent connaître leurs succès comme leurs revers, leurs doutes comme leurs

4

convictions, le résultat de leurs pénibles recherches et les douces satisfactions qu'ils ont ressenties, pour le bonheur de rendre à leurs familles, à la société des membres précieux, qui, sans eux, seraient encore sans raison et sans joies; A ces hommes de science et de charité appartient toute la gloire des découvertes modernes! Nous autres, encore jeunes praticiens dans cette noble branche de l'art de guérir, il ne nous reste rien autre chose qu'à glaner après les médecins illustres, et à suivre avec conscience et zèle les préceptes nombreux et si éclairés qu'ils nous ont légués comme monuments impérissables de leur génie et de leur amour pour les hommes.

Le traitement des maladies mentales ne saurait être assimilé à celui des maladies ordinaires. Consistant le plus souvent dans un trouble permanent des facultés de l'âme, sans aucun symptôme fébrile, les aliénations mentales ne peuvent avoir d'autre base de traitement que les moyens moraux; cela est généralement reconnu aujourd'hui. A ces moyens viennent cependant se joindre des ressources thérapeutiques, des moyens physiques; mais, dans le plus grand nombre de cas, ce ne sont là que des accessoires, surtout quand il ne se montre aucune complication pathologique, proprement dite. C'est au médecin expérimenté à juger et à agir selon les circonstances qui se présentent à son observation, et selon les ressources que les localités et le plus ou moins d'entraves et de difficultés lui laissent. Partout avec les mêmes armes l'on n'arrive pas aux mêmes buts. Il ne s'agit pas seulement de savoir et de vouloir; il faut pouvoir, et cela n'est pas accordé à tout le monde!

Quoi qu'il en soit, je dois dire que l'*isolement* ou séquestration (1), *la classification des malades, les exercices de piété* bien dirigés, *le travail, les distractions et consolations, la discipline morale,* sont des points essentiels dans le traitement, soit général, soit individuel des aliénés.

L'on sait que la folie, qui dégrade et anéantit la raison humaine, est rebelle dans le plus grand nombre des cas à tout moyen de traitement, qu'elle est toujours d'une guérison difficile, souvent incomplète et peu stable; mais on ne doit pas, à cause de cela, négliger aucun moyen, et sans faire des essais souvent infructueux, sinon dangereux (2), on doit tirer parti de toutes les découvertes et des recherches consciencieuses des hommes spéciaux.

Bien des systèmes ont tour-à-tour été préconisés pour le traitement de la folie; sans parler des anciens tels que *Hippocrate,* dont les nombreuses observations serviront longtemps encore de modèles de précision et de méthode, puis les judicieux *Arétée et Cœlius Aurelianus* et surtout *Celse* qui donna des préceptes et

---

(1) Voir mon article dans l'*Echo du Nord,* avril 1842: *Considérations sur les aliénées; leur isolement, etc.*

(2) « Faites avancer la science, dit un auteur moderne, mais tenter des aventureuses médications » sur de malheureux artisans dont l'hospice est le refuge unique, lorsque la maladie les accable; » mais essayer un traitement peut-être funeste sur des gens que la misère et le malheur nous livrent » confians et désarmés.... A vous leur seul espoir! à vous qui ne répondrez de leur vie qu'à Dieu! » savez-vous que cela serait pousser l'amour de la science jusqu'à l'inhumanité ? »

des conseils portant le plus directement le caractère d'une utilité immédiate, pour la guérison des malheureux aliénés, en parlant à leur cœur par de doux égards, nous avons les voix des modernes qui doivent aussi nous guider ; leurs plus nombreuses observations, étant un poids considérable dans la balance, font autorité en pareille matière. Qui n'a entendu parler du bienfaisant Pinel, en France, de Willis, en Angleterre ? Par leurs écrits, ils ont fait supprimer les traitements durs et repoussants, les actes arbitraires de violence, qui augmentent la fureur ou le désespoir, les hideuses chaînes et les cachots ou cellules, semblables, par leurs constructions, aux loges où l'on renferme les animaux féroces, comme si l'aliéné, la plupart du temps innocent et toujours bien à plaindre, n'avait pas besoin aussi d'un air pur et de ce don du ciel : la liberté !

Ce qui a donné à des hommes intelligents et zélés tant de beaux résultats, puis des connaissances multipliées et des vues de détail, dont il peut naître tant d'heureuses applications, ç'a été l'habitude de vivre constamment au milieu des aliénés; celle de devenir, par les sentiments inspirés de respect, d'obéissance et d'affection, les confidents de leurs peines et de leurs sollicitudes; celles d'étudier leurs mœurs, leurs caractères divers, les objets de leurs plaisirs ou de leurs répugnances ; l'avantage de suivre le cours de leurs égarements, le jour et la nuit et aux diverses saisons de l'année, et d'avoir été portés par goût dominant et d'une manière presque exclusive, à ces sortes d'études médicales et si éminemment philosophiques.

Le traitement moral qui résulte de l'étude de toutes ces circonstances, et de l'accent du cœur qui doit, dans la bouche du médecin, animer ses paroles consolantes pour qu'elles arrivent à l'âme et au cœur de celui qui souffre, tout cela est du plus grand intérêt, soit qu'on veuille prévenir l'explosion d'un accès de folie, soit qu'on ait à traiter la maladie, soit qu'on se propose de confirmer la convalescence.

Ce sont là les pensées des grands praticiens Pinel et Esquirol, Georget, Pariset, Ferrus, Foville et autres, et c'est là en effet la base du traitement moral. Tous les hommes chez qui la bienfaisance est innée le comprendront ainsi, même avant d'avoir lu les écrits, les systèmes théoriques si nombreux des médecins de nos jours et que je me garderai bien de passer en revue de crainte de compliquer mes paroles. Je dirai seulement que le traitement qui se fait par le raisonnement, la persuasion et la crainte, est employé par MM. Calmeil, Voisin, Guislain, Trélat, etc., etc.; dans leurs pratiques, ils rencontrent les mêmes pensées. M. Pariset a dit que la justice, la bonté aident dans le traitement l'aliénation mentale, qui a besoin, du reste, pour se guérir, de la recomposition du cerveau ; et M. le D.ʳ Ferrus enseigne bien clairement que ces moyens aident à ramener l'organe de l'intelligence à son type normal. On peut le dire, le concours des moyens moraux doit être considéré comme la base du traitement de la folie; sans eux, l'intelligence et les passions ne peuvent souvent être ramenées à leur type régulier; quelquefois l'*intimidation*, comme l'envisage M. le D.ʳ Leuret, est à prescrire, on ne saurait en contester l'importance, mais il est permis de douter de son efficacité comme moyen de traitement, surtout si la bienveillance et la justice ne viennent pas le tempérer. Il faut sans doute corriger, quelquefois réprimer les mauvais penchants, les dispositions à nuire, en imposer par la fermeté, la force de caractère, punir avec sévérité ; mais avant d'en venir à des rigueurs extrêmes, tels que les douches plus ou moins prolongées, les incarcérations, l'usage de la camisolle (1) ; on doit avoir épuisé toutes les ressources modérées de discipline, comme réprimandes, privations de plaisirs, de promenades, de visites des parents, de travail, l'éloignement désagréable des femmes de leurs habitudes, de leurs quartiers, etc. Il y a cependant des cas exceptionnels à ces vues générales, c'est lorsque des faits graves viennent de se passer, quand des aliénées ont frappé, détruit, tenu des propos ou fait des actes de la dernière inconvenance et de leur plein gré, n'étant pas assez troublés pour ne pas savoir ce qu'elles faisaient, alors il faut agir et ne pas attendre au lendemain : des exemples sont parfois nécessaires ; l'indulgence, les complaisances, la douceur doivent avoir leurs limites. C'est l'intérêt bien entendu des malades, et l'homme de l'art à qui un service médical d'aliénées est confié, doit surtout s'exercer à prendre à propos, avec ses malades, tous les déhors d'une gravité imposante, avec le ton simple d'une sensibilité vraie, et faire en sorte de concilier leur respect et leur estime pour une conduite franche, ferme et ouverte, de se faire constamment chérir et craindre, habileté dont on a fait honneur, à juste titre, à beaucoup d'hommes de mérite, qui ont enfin, de nos jours, jeté les bases perfectionnées de conduite et de traitement dont on ne s'écartera plus.

L'heureuse application des ressources du traitement moral général et individuel, dépend entièrement, du jugement, du discernement et de l'expérience du médecin. Il en est de même du choix des méthodes et des remèdes qui est subordonné à une foule de considérations relatives, non-seulement à la forme de la maladie, mais à l'âge des individus, à l'époque de l'invasion de leur folie, aux complications qui l'accompagnent ; tous ces détails ne peuvent entrer dans le cadre qui m'a été donné, je me bornerai à dire, pour terminer cet article, que le traitement physique, qui aide puissamment les moyens moraux, est une partie des ressources que l'art peut opposer aux dérangements de l'esprit, et qu'il est surtout applicable, aux cas ou il y a des désordres physiques ou des désordres moraux, causés par certains effets physiques. On n'a plus recours, du reste, à cette foule de médicaments dont l'usage était préconisé autrefois et qu'il est permis de regarder comme un luxe inutile. Les bains, les affusions, les évacuations sanguines avec

---

(1) Dans l'Asile de Lille, il y a plus qu'ailleurs de femmes avec corset de force permanent pendant leurs agitations, à cause de l'encombrement et de leurs incessants contacts, par défaut d'espace ; sans ce moyen il y aurait tous les jours des accidents à déplorer ; s'excitant les unes les autres, elles s'entre-déchireraient !

grande circonspection et sobriété, les dérivatifs cutanés, les purgatifs, les toniques, les calmants, etc., sont encore tour-à-tour mis en usage avec succès, dans certaines circonstances que la pratique indique, mais on ne va pas empiriquement opposer un exutoire aux idées fixes, aux perversions de la volonté des substances pharmaceutiques (1); disons avec notre savant confrère, M. Leuret, que ces moyens, employés avec discernement pour combattre les symptômes physiques, auront très-probablablement une heureuse influence sur l'état de la raison. Reconnaissons que plusieurs maladies du cerveau amènent avec elles le désordre de l'intelligence; mais quand l'entendement seul est malade, sans complications matérielles, et beaucoup d'aliénés sont dans ce cas, le traitement physique est de nulle valeur ; le traitement moral, quand il peut être convenablement employé, est seul indiqué avec les moyens généraux d'hygiène et les soins personnels que la charité, l'expérience et les bons conseils inspirent. Le traitement qui consisterait dans une méthode exclusive serait une erreur funeste; l'expérience, dégagée de tout esprit de système, prouve, comme le dit le docteur *Double*, que c'est d'une combinaison rationnelle des moyens moraux et physiques que peut dériver le soulagement des aliénés. Il faut ajouter avec le célèbre *Huffeland* (médecine pratique), qu'éveiller et affermir le principe moral et religieux est le couronnement du traitement moral.

Noms des Membres de la Commission de surveillance et des employés de l'Asile de Lille qui ont coopéré à l'administration de cet établissement public, depuis 1830.

Commission de Surveillance organisée en 1840.

M. le comte de Brigode de Kemlandt, président depuis 1840, démissionnaire en 1847.

M. Verley, secrétaire depuis 1840, élu président en 1847.

M. Tilloy-Casteleyn, depuis 1840 jusqu'à 1843.

M. Mariage-Bonte, depuis 1840.

M. Delesalle-Desmedt, de 1840 à 1843.

M. Derasse-Bonte, depuis 1843.

M. d'Hornoy, depuis 1843 secrétaire, démissionnaire.

M. Brame fils, nommé en 1847, élu secrétaire après M. d'Hornoy.

M. Rouzé-Mathon, nommé en 1847.

(1) A peine si *le Datura*, préconisé par M. le docteur Moreau, dans le cas d'hallucinations, offre des effets ; du moins je n'ai pas été heureux dans mes nombreux essais, au moyen de l'extrait de D. *Stramonium*.

Directeurs par nomination ministérielle.

M. Lemaire, de 1840 à 1843.
M. L'herbon Delussats, depuis 1843.

Receveur-Econome.

M. Longuespée, depuis 1837.

Service médical.

1830. M. Dourlen, médecin-inspecteur.
      M. Lestiboudois, médecin ordinaire.
      M. Vanderhaeghen, chirurgien.
1831. M. Dourlen, médecin-inspecteur.
      M. Lestiboudois, médecin et chirurgien.
1832. Même médecin pour tous les services, sans médecin-inspecteur,
      jusqu'en 1842.
1842. M. De Smyttere, médecin par nomination ministérielle.
      (Jusqu'à présent aucun aide pour ce service.)

Aumônier.

M. l'abbé Durot, depuis 1845.

Sœurs supérieures.

Successivement, de 1830 à 1840. — Sœurs Ste.-Ursule, St.-Jean-Baptiste,
Ste.-Madeleine de Passy, St.-Stanislas.
En exercice depuis 1840. — Sœurs St.-Stanislas, Ste.-Edmonde, Ste.-Agnès,
Ste.-Thadée.

Commis-expéditionnaire.

M. L'herbon fils.

CHAPITRE II.

PARTIE STATISTIQUE.

Je vais, dans le présent chapitre, m'occuper de résumer ce qui a rapport aux diverses tables statistiques qui accompagnent ce travail et tâcher de tirer des conclusions de leurs totaux. Je dois dire d'abord que ce n'est pas à moi qu'on devra s'en prendre, si quelques-unes n'offrent pas tous les chiffres désirables; ainsi, comme je l'ai déjà fait observer, les matériaux et les renseignements m'ont manqué, ce n'est qu'à force de recherches que j'ai pu obtenir même un tel résultat. Depuis six mois, tout ce qui m'a été donné en communication de la préfecture, se réduit à huit pièces d'une importance secondaire et la plupart pour des années éloignées ; le reste, je l'ai trouvé moi-même, mais bien épars..... Peut-être que, si le temps qui m'a été accordé avait été plus long, j'aurais pu offrir un ouvrage plus complet, tel était du moins mon désir, qu'il m'a été impossible de satisfaire.

Obligé de rendre tous les ans un compte de mon service, comme cela est prescrit à tous les médecins en chef d'Asile, ce sont ces rapports annuels que j'ai réunis pour former la plus grande partie de la statistique médicale de l'Asile des aliénées de Lille, pendant les cinq années de mon exercice, tout ce qui est au-delà ne m'appartient pas en propre.

Les médecins de bonne foi savent que les sciences d'observation ne peuvent se perfectionner que par la statistique, car, comme le dit notre savant maître de l'Asile de Charenton : Qu'est-ce que l'expérience, sinon l'observation des faits répétés souvent et confiés à la mémoire. Je ne vois donc pas en quoi consisterait l'inutilité des chiffres, surtout quand ils relatent des faits qu'on a observés soi-même et quand rien n'a pu nous porter à en dissimuler ou dénaturer la vérité.

Aucune chose n'est futile dans ces sortes de recherches, même sur l'âge, le sexe, la profession des aliénées.

« Les tableaux statistiques construits avec conscience, écrit Esquirol, d'après des notes journalières, recueillies pendant plusieurs années sur un grand nombre d'aliénés soumis aux mêmes conditions, fourniraient des termes de comparaison avec d'autres tableaux rédigés d'après des observations faites sur des aliénés vivant dans des climats opposés, sous l'influence de mœurs, de lois, de régimes différents. Que de résultats précieux pour la connaissance de la folie et de ses causes surgiraient de ces faits rapprochés, comparés par une sage critique! que de questions de haute philosophie résolues par la comparaison de ces travaux statistiques ! »

Pour ma part, j'en sens aussi toute l'importance, et je me ferai un plaisir et un devoir d'en continuer les annotations, afin de pouvoir produire plus tard un ensemble dont je n'aurai pas à regretter l'insuffisance comme dans celui de la présente notice, qui réclame toute l'indulgence de ses lecteurs.

Admissions.

La société doit un asile aux pauvres privés de leur raison comme aux enfants privés de leur mère. Le nombre des aliénés indigents en France, est de 12,286, savoir : 5,934 hommes et 6,351 femmes, leur dépense annuelle s'élève à 4,326,138 fr., ils sont traités dans des asiles spéciaux, dans des quartiers séparés des hospices ou des établissements particuliers. Il y a en tout soixante-treize établissements, cinquante-sept asiles publics, vingt-cinq quartiers dans les hospices, onze établissements particuliers (1).

A l'Asile public des femmes aliénées de Lille, nous voyons par les premiers tableaux synoptiques de cette notice, que le nombre des aliénées reçues depuis cinq à six ans (exception faite des étrangères au département) a été le double, presque, de celui des années antérieures, et cet état de choses a dû, en effet, être remarqué par les autorités et le Conseil général. Mais nous ferons observer que ce ne sont pas de nouvelles causes d'aliénation qui ont augmenté les cas de cette triste et si touchante infortune.

La principale cause de l'augmentation de la population de l'Asile des démentes du Nord, a été la mise à exécution de la loi de 1838, en vertu de

(1) L'on compte aujourd'hui en France 1 aliéné sur 1,000 habitants à-peu-près ; en Angleterre, 1 sur 721 ; en Hollande, 1 sur 1,046 , en Italie, 1 sur 4,379 habitants. — L'on comptait, il y a quelque temps, près de 4,000 aliénés à Paris et dans sa banlieue, et 7,000 à Londres et dans les environs.

laquelle on a fait entrer, dans cet établissement en particulier, beaucoup d'individus misérables que les communes gardaient antérieurement, afin de ne pas payer pour elles une pension élevée ; c'est là aussi la manière de voir de M. le docteur Lestiboudois. Un meilleur traitement des aliénés dans les maisons spéciales a engagé les parents à placer un grand nombre de ceux-ci, qui, auparavant, étaient gardés à domicile. Les soins perfectionnés des Asiles ont tranquillisé à cet égard, et c'est avec confiance qu'on les amène à présent : on s'en trouve bien sous tous les rapports. D'une part les aliénés sont ainsi traités rationnellement, leur guérison, si elle doit avoir lieu, est plus prompte ; et d'ailleurs que de fous, par là, n'a-t-on pas rendus heureux, s'ils pouvaient encore sentir le bonheur qui consiste à ne plus rester abandonnés à la risée des populations, tantôt poursuivis et maltraités, tantôt confondus avec d'ignobles coupables dans des cachots infects.

Placés sous la protection des lois, les insensés, si douloureusement délaissés autrefois, trouvent maintenant une demeure ou des adoucissements leur sont apportés. Les magistrats et les personnes charitables le savent partout, et ils s'empressent de faire conduire dans les Asiles ceux qui sont reconnus nuisibles ou incapables de se gouverner; de là, je le répète, *l'unique cause,* la plus probable, de l'augmentation toujours croissante des maladies mentales signalées à l'autorité : elle est *plus apparente que réelle.*

Si j'avance avec conviction ce fait: *qu'il n'y a pas d'autres causes nouvelles* de l'augmentation des femmes séquestrées, qu'une plus grande attention et de sollicitude à leur égard, dans les campagnes et ailleurs, c'est parce que l'Asile des femmes de Lille étant seul pour tout le personnel du Nord, et aucune aliénée ne pouvant être séquestrée sans qu'elle me soit soumise pour renseignements et études, je suis nécessairement mis au courant de toutes choses, ainsi que je le prouverai, d'ailleurs, aux chapitres de ce travail traitant de cette question importante : les *causes de l'aliénation mentale.* (Voir pages 15, 16, 17, 18 et 19 des tableaux.)

Le chiffre moyen des admissions des folles indigentes dans l'Asile de Lille, par an, est de soixante à soixante-quinze ; quant aux pensionnaires ou aliénées aisées, l'on ne peut aussi bien connaître le nombre de celles qui sont séquestrées annuellement, car leur admission ayant rarement lieu d'office, leurs parents ou tuteurs les plaçant volontairement et pouvant choisir à leur gré l'établissement où ils désirent les faire traiter, rien ne les force à les diriger sur l'Asile de Lille; cependant, beaucoup y viennent, un quartier spécial est établi exprès pour elles, il peut aisément en contenir de soixante-dix à quatre-vingts : règle générale, on en reçoit de vingt à vingt-cinq par an.

Population générale de l'Asile.

Pour dire un mot regardant les relevés statistiques des pages synoptiques 4 et 5 de ce travail, j'ajouterai que les augmentations des totaux généraux des aliénées de l'Asile, tant indigentes que pensionnaires, aussi bien pour celui établi sur les mouvements annuels de la population que pour le total général au 1er janvier des sept dernières années, ont été successives et même effrayantes durant ces trois dernières années surtout : les chiffres officiels l'indiquent clairement, et l'on doit être surpris, en connaissant le périmètre de l'Asile et ses ressources, qu'aucun accident n'y soit arrivé durant cet espace de temps. Heureusement que tous les ans il y a eu des sorties en assez grand nombre ; la page synoptique 21 en indique l'ensemble pour les sept dernières années (1). Si elles avaient été moins considérables, si les femmes de Paris et autres n'avaient été évacuées par mesures extrêmes, que serions-nous aujourd'hui, quel serait maintenant l'état sanitaire et moral de l'Asile?.... Sa santé reste florissante, heureusement, grâces aux désencombrements, et de la sorte, les totaux généraux se montrent stationnaires à présent ; s'ils ne diminuent pas encore bien sensiblement, tout fait espérer qu'ils n'augmenteront plus comme en 1845 et 1846.

Entrées classées par mois et par saisons.

En ne nous occupant que des femmes du département du Nord, c'est-à-dire en écartant du tableau de la page 6 les femmes de l'Aisne et de la Seine reçues il y a trois ans, il sera facile de voir que l'ensemble des totaux des admissions pour chaque mois, offre quelques différences, mais s'il y avait des époques exclusives de l'année, évidemment de prédilection pour le développement de l'aliénation mentale chez les femmes de ce pays, il y aurait des chiffres plus tranchés, plus sensibles dans les totaux susdits (2). Il ne peut, du reste, rien être rigoureusement conclu par les présentes recherches, on ne nous adresse pas toujours les aliénées au moment où leur folie éclate ;

(1) Il y a eu trois cent trente-quatre sorties depuis cinq ans, pour guérisons ou autres causes.

(2) Printemps, 120. — Été, 125. — Automne, 117. — Hiver, 104.

il y a des formalités à remplir, des retards. Les familles aussi gardent souvent quelque temps chez elles ceux de leurs membres malades, de sorte que rien ne peut être dit de positif à cet égard. Cependant, règle générale, il a été reconnu par la plupart des observateurs, que dans beaucoup de contrées il y a un grand nombre d'admissions pendant la période des chaleurs. La fréquence de la folie est pour les climats tempérés en raison directe de la température atmosphérique ; elle est moins considérable pendant le mois de septembre et pendant le trimestre d'hiver ; il a été reconnu aussi qu'il y a moins de femmes séquestrées que d'hommes au printemps, et moins d'hommes que de femmes en hiver.

Les observations de M. le docteur *Parchappe*, de Rouen, prouvent que les folies *maniaques* comme celles de nature *mélancolique* et *paralytique* se montrent bien plus souvent pendant les mois chauds de l'année.

Nous pouvons ajouter aussi que les vicissitudes de l'atmosphère, plus fréquentes dans les climats froids et humides, peuvent entrer en ligne de compte dans l'explication du développement de certains délires.

Ages des femmes admises de 1842 à 1847.

L'on voit par le tableau de la page 8, que les aliénées admises dans l'Asile durant les cinq dernières années sont en plus grand nombre de vingt ou vingt-cinq à cinquante-cinq ans, même en exceptant des calculs les cent étrangères admises en 1844 et dont la maladie était chez toutes passée à l'état chronique. Je ne prétends pas vouloir conclure de ce fait que ce sont là les âges qui prédisposent le plus à l'aliénation mentale. Mes résultats numériques, peu étendus, ne peuvent apporter qu'une faible lumière dans une question de ce genre, traitée d'ailleurs avec tant de précision et de savants détails par des auteurs modernes. Cependant, il est avéré que la folie est plus fréquente dans l'âge viril, et que les admissions des femmes sont plus nombreuses que celles des hommes de trente-cinq à quarante ans, et qu'ensuite viennent les admissions de quarante à quarante-cinq ans.

En général, la folie est moins hâtive chez les femmes que chez les hommes, et on trouve aussi beaucoup plus de femmes aliénées que d'hommes de cinquante à soixante ans ; après cette époque de la vie la diminution de cette population est très-rapide. Du reste, comme le dit Esquirol, les chances de l'aliénation augmentent dans les deux sexes à mesure qu'on avance en âge ; en vieillissant, le cerveau s'use, et les facultés intellectuelles s'affaiblissent et

s'éteignent, c'est le cas de la *démence sénile*, qui est un autre genre d'aliénation que ceux observés à l'âge mûr ; la *démence paralytique* se montre plus
fréquemment de trente à cinquante ans, et les *folies maniaques* beaucoup
plus tôt : elles sont fort rares avant l'âge de quinze à vingt ans.

Etat-civil des arrivantes.

Après avoir reconnu que les femmes sont plus sujettes à la folie en général
que les hommes (à l'exception de la démence paralytique), ce qui semble tenir
à leur constitution nerveuse, à leurs fonctions exceptionnelles, à de fréquents
chagrins domestiques et à des contrariétés de tout genre, nous pouvons dire,
d'après les chiffres du tableau de l'état-civil, page 8, que le nombre des aliénées
célibataires est presque un tiers plus considérable que celui des mariées, et
qu'il l'emporte des trois quarts sur celui des veuves. Mais je ne sais s'il faudrait conclure de ceci que le célibat favorise le développement de l'aliénation
mentale, il serait téméraire de le croire (1). Ce fait, du reste, exclusif à
l'Asile de Lille, vient à l'appui d'autres calculs de ce genre ; ainsi, sur mille
sept cent vingt-six aliénées observées en France, d'après le rapport de
M. Desportes, neuf cent quatre-vingts de ces femmes sont célibataires, deux
cent quatre-vingt-onze sont veuves, trois cent quatre-vingt-dix-sept seulement
sont mariées.

Je ne m'appesantirai pas sur ce genre de recherches, le trop faible tribut
que je paie ici à cet égard ne m'en donne pas le droit ; je me permettrai,
cependant, d'ajouter que les recherches sur l'état-civil des aliénés ne doivent
pas être regardées comme indifférentes dans l'étude de la folie, elles sont
peu importantes au premier aperçu, mais elles peuvent conduire, d'après
l'aveu des grands maîtres, à des données d'un haut intérêt.

(1) Les hommes célibataires sont plus fréquemment aliénés que les femmes du même âge, cela
tient en partie à ce que la folie atteint les hommes dès l'âge de vingt-cinq à trente ans, et qu'à
cette époque de la vie, les hommes songent à peine à se marier ; ils sont plus tyrannisés par les
passions, tandis que les femmes sont généralement mariées à cet âge. (M. Esquirol, dans son traité des
maladies mentales, donne des détails fort curieux à ce sujet).

Professions des femmes traitées dans l'Asile de Lille.

Je me borne à produire, aux pages 10 et 11, le relevé des tableaux des professions des aliénées admises dans l'Asile pendant quelques années ; je le devais pour compléter cette notice, mais, ainsi que je le dis, *les professions des femmes ne paraissent influer que faiblement sur leur moral.* Elles ne peuvent que rarement être considérées comme *causes prédisposantes de la folie.* Si nous voyons dans le tableau des professions un grand nombre de *couturières*, de *dentellières*, de *fileuses de lin*, puis, beaucoup de femmes qui se sont occupées de *travaux rudes et de ménage*, on ne peut conclure de là que ces professions aient été pour quelque chose dans le développement de leur folie ; c'est parce que, parmi la population indigente, dans ce pays, beaucoup de femmes s'adonnent à pareilles occupations, et que, par conséquent, il devait y en avoir davantage de ce genre que d'autres. Ainsi, aucun enseignement à tirer de l'étude des professions antérieures des aliénées du Nord, considérées comme causes de la folie. On arriverait à des résultats erronés si on établissait des calculs sur l'influence des âges, de l'état-civil, des professions, etc., si dans la production du délire on opérait à-la-fois sur le chiffre des aliénés et sur celui de la population générale. Je suis, sous ce rapport, de l'avis de MM. Parchappe et Carrier. Mais, du reste, ces recherches, ces détails circonstanciés, ne sont pas sans offrir quelques renseignements utiles, et il n'est pas sans intérêt de savoir que les professions qui nécessitent que l'attention soit fortement et continuellement occupée d'un même objet, qui nécessitent une activité toujours soutenue de l'esprit, qui excitent sans cesse les désirs et les tourments de l'ambition, etc., produisent beaucoup de fous; et sous ce rapport, Lille, ville de commerce et de manufactures, fournit, sans que cela doive nous étonner, un nombreux contingent d'aliénés. Les artisans, dont les moyens de subsistance sont médiocres et mal assurés, dit Georget, qui n'ont souvent que l'alternative de se déshonorer pour vivre ou de supporter les horreurs de la misère, sont aussi dans ce cas. Du reste, il n'est point de circonstance qui mettent l'homme à l'abri de l'égarement ou de la perte de sa raison.

Je reviendrai sur les conséquences générales qu'on pourrait tirer du tableau des professions, combiné avec celui des causes de l'aliénation.

Causes de l'aliénation mentale.

M. le Préfet m'ayant fait connaître que la recherche et l'étude des *causes les plus probables de l'augmentation toujours croissante, depuis six ans, des maladies mentales parmi les indigentes*, serait un point auquel le Conseil général attacherait un vif intérêt, j'ai fait tout mon possible pour arriver à quelque résultat concluant ; j'ai comparé les relevés anciens de ces causes avec les plus récents, afin de pouvoir mieux distinguer et découvrir si quelque nouvelle influence avait agi sur le moral de la population du Nord, mais je dois l'avouer, rien d'extraordinaire n'a pu être noté, et pourtant, j'ai mis tous mes soins à cette affaire, les questions les plus minutieuses ont été posées aux parents, amis et autres personnes qui amènent de nouvelles malades à l'asile. Je n'en ai laissé partir aucun sans qu'il m'ait donné tous les détails désirables, de sorte que je conclus, sauf les remarques particulières, que je ferai tout-à-l'heure sur les *causes* que mes tableaux signalent comme prédominantes, qu'il n'y a aucune cause réelle nouvelle d'augmentation dans le nombre d'aliénées du Nord et des femmes en particulier depuis huit à dix ans. Si l'on compte un plus grand nombre d'aliénées qu'autrefois dans l'asile de Lille, cela est dû, comme je l'ai déjà avancé, à la mise en vigueur de la loi de Juin 1838, après l'impulsion donnée par Pinel, qui, d'une part, a fait éveiller davantage l'attention sur les individus atteints d'aliénation dans ces divers cantons, et qui en a favorisé, plus qu'autrefois, la séquestration.

A partir de 1840, les admissions des femmes du département sont plus considérables ; bien des aliénées, même des *non dangereuses* que l'on gardait à domicile, ont été dirigées, aux frais des communes et du département, sur Lille, sans qu'il y ait eu des motifs extraordinaires. Ce qui prouve aussi que les causes physiques et morales ont peu varié depuis dix à quinze ans, c'est l'ensemble des relevés statistiques annuels des causes présumées : les tableaux de ce travail (pages 15, 16, 17, 18 et 19) qui traitent de cette question, indiquent comme principales causes les suivantes :

		Tabl. I. [1]	Tabl. II [2]	Tab. IV [3]	Tabl. V et VI [4]
Causes physiques.	Idiotisme................	12	31	3	?
	Irritabilité excessive.......	5	1	21	11
	Dénûment...............	»	13	19	6
	Épilepsie, convulsions.....	5	6	37	2
	Abus de vins et liqueurs....	4	6	22	9
Causes morales.	Amour et jalousie.........	29	41	55	27
	Chagrin................	46	69	81	34
	Religion mal entendue.....	12	22	35	13
	Ambition et orgueil.......	13	16	38	11
	Hérédité	»	»	17	10

(1) Année 1835, sur 161 aliénées.
(2) Année 1841, sur 385 aliénées.
(3) Année 1845, ensemble des folles du Nord; 719.
(4) Admissions 245, durant les trois dernières années.

Il est donc à reconnaître que les causes principales d'aliénation, à quantité égale d'individus, sont pour ainsi dire les mêmes; il ne pourrait en être autrement, en effet, car les mœurs n'ont pas varié ; l'exercice de la religion n'a pas éprouvé de changemennts ni de secousses sensibles ; la vie de chacun est aussi régulière ; aucun événement politique grave n'est venu ébranler les têtes ; la misère n'a pas fait un plus grand nombre de victimes ; enfin, les masses n'ont pas été frappées. Il n'y a que les impressions et passions individuelles, les inconduites, les prédisposions et les faiblesses d'organisation et d'intelligence chez des personnes exceptionnelles qui ont pu faire developper la plupart des faits isolés d'aliénation mentale de ces derniers temps. Que la société se rassure donc, l'affreux mal qui nous occupe ne peut s'étendre au-delà de certaines limites depuis longtemps tracées, et que la prospérité, les surveillances de sages administrat'ons, les consolations religieuses, les directions morales bien entendues, et les bons exemples feront reculer encore, surtout si le manque de travail, la cherté des subsistances, le fanatisme, etc., ne viennent pas troubler d'une manière fâcheuse l'état actuel des choses dans notre belle et paisible Flandre !

L'on voit par le tableau ci-contre, ainsi que par ceux de la fin de ce travail, concernant les causes, que, pour rendre plus intéressante leur étude, et pouvoir comparer ses résultats à diverses époques ; je ne me suis pas borné à donner le relevé des causes d'aliénation des femmes admises depuis peu dans l'Asile, mais que j'ai jugé utile, pour mieux comparer, de produire des totaux officiels donnés de diverses époques tranchées. Aux relevés de 1835 et 1841, j'ai ajouté un tableau des causes d'aliénation de 719 femmes officiellement reconnues comme folles dans le département en 1845, d'après l'Annuaire du Nord ; puis, pour isoler les causes anciennes d'aliénation des nouvelles ; j'ai fait une table de mention pour celles, seulement, des arrivantes dans l'Asile depuis trois ans, d'après mes propres recherches et d'après les notes que je rédige annuellement pour servir aux renseignements demandés par l'autorité supérieure.

Les tableaux I, II et IV prouvent évidemment que les *causes morales* de l'aliénation mentale l'emportent de beaucoup sur les *causes physiques ;* cependant, le tableau III offre un total des causes de la première catégorie moindre que celui des causes physiques. Je pense qu'il faut attribuer ces chiffres exceptionnels, regardés par moi comme erronés, à la prétendue cause nommée *idiotisme* qui y figurent pour *cent et onze..!* Ce nombre enlevé, réduit le total de la colonne des causes physiques, à 138 au lieu de 249, et s'il était possible, par des renseignements ultérieurs, de pouvoir mieux caser les unités de ces cent et onze, on verrait, très-probablement, que les deux tiers de ces causes plus vraisemblables seraient pour la colonne des causes morales, car, dans le sexe féminin, elles prédominent essentiellement. Le mot idiotisme est arbitraire dans cette circonstance surtout; et d'abord, que veut-on entendre ici par cette désignation ? — Sont-ce les individus en *démence* que l'on persiste à réunir dans ce groupe vague, en généralisant empiriquement comme autrefois, ou bien est-ce une définition consacrée à désigner seulement les *idiots* de naissance et les *imbéciles*, autre espèce d'idiots à un degrès moindre ?.. Mais, dans ces deux cas, ce qu'on veut appeler *idiotisme* ne peut, le plus souvent, être pris comme cause proprement dite si l'on ne veut confondre les causes avec la maladie elle-même.

Je ne prétends néanmoins pas dire, par ce qui précède, que *l'idiotie et l'imbécillité* ne soient pas, parfois, des causes déterminantes de certains accès de folie. Nous voyons, en effet, souvent, ces dispositions anormales provoquer des crises maniaques, dans des circonstances données, qui ne produiraient pas le même effet chez les personnes jouissant de toutes leurs facultés intellectuelles. Ces crises, dans ce cas, sont déterminées par un défaut de jugement, une trop faible raison, une impossibilité de direction de l'entendement, de la volonté, du discernement ; par un défaut de prévoyance, etc. Bien des actes de la vie que beaucoup d'hommes regardent, à juste titre, comme de vraies folies, ne proviennent que de cette disposition maladive, et évidemment l'idiotie, comme les modernes l'entendent, ainsi que l'imbécillité, sont aussi parfois causes déterminantes des accès continus de fureurs et de certaines exaltations périodiques, parfois dangereuses.

Je n'ai pu mieux faire que de classer les causes présumées d'aliénation mentale du tableau IV, selon la méthode précédemment adoptée par M. le docteur Parchappe. La page dix-neuf, de la partie synoptique, représente cette désignation dont les principales bases sont les suivantes :

1.re *Classe.* Causes généralement désignées sous le nom de *causes morales.* Ce sont celles qui, corrélatives aux facultés intellectuelles, affectives et morales de l'homme, représentent ses besoins dans la vie et ses intérêts dans la société.

2.° *Classe, excès.* Elle comprend les causes qui consistent dans l'abus que l'homme fait de ses facultés, en recherchant des jouissances intellectuelles et sensuelles.

3.e *Classe. Causes organiques* qui consistent dans un état morbide actuel des organes de l'homme, provoquant la maladie désignée sous le nom de folie.

4.° *Classe. Causes externes,* qui, physiquement, chimiquement et physiologiquement, troublent les fonctions cérébrales et déterminent l'aliénation mentale.

5.° *Classe. Causes essentielles.* Les divisions principales des causes se sousdivisent, nous le verrons en groupes plus ou moins nombreux. Par l'ordre de fréquence, elles peuvent se classer chez la femme, ainsi qu'il suit : 1.° famille, 2.° fortune, 3.° amour.

Je ne puis, dans cette première partie de la présente notice statistique, m'étendre davantage sur la question des causes prédisposantes, excitantes, etc. Je m'en occuperai plus tard avec détail car je ne dois pas oublier que l'illustre

Pinel enseignait aussi que le médecin puise ses inspirations dans l'étude du commémoratif des affections cérébrales et dans la connaissance de tout ce qui a précédé l'explosion du délire.

Femmes épileptiques de l'Asile.

C'est un double devoir, pour les hommes de l'art, à qui le gouvernement confie les soins des personnes atteintes d'épilepsie, de s'en occuper sans relâche, afin de trouver un moyen de soulager, sinon de guérir leurs horribles souffrances.

Les hommes les plus éminents de la science ont étudié cette grande et délicate question: Esquirol et Georjet, MM. Ferrus, Foville, Calmeil, etc., ont consacré leurs veilles au traitement d'une maladie contre laquelle tant de moyens thérapeutiques ont échoué; mais les résultats de leurs essais ont été loin de les satisfaire; tous ont reconnus, malheureusement, que les palliatifs peuvent seuls apporter du soulagement à cette cruelle maladie, surtout lorsqu'elle est compliquée d'aliénation mentale.

J'ai remarqué des femmes épileptiques dont les accès sont restés suspendus pendant quelques mois, et d'autres dont les attaques, plus ou moins fréquentes, ont été pendant plusieurs années en diminuant, mais aucune n'a guéri. M. Renaudin, médecin en chef de l'Asile d'aliénés de Fains, cite comme exemple de guérison une jeune fille devenue épileptique pendant les premiers efforts menstruels, dont la cessation des accidents eut lieu à la suite d'un traitement d'après cette indication et qui amena dans la constitution une modification radicale; mais pareilles observations sont extrêmement rares.

Les épileptiques ont, dans l'Asile de Lille, un quartier séparé, depuis que leur nombre s'est considérablement accru par l'arrivée de celles du département de l'Aisne. (Auparavant, notre établissement n'en comptait que trois à quatre); il était nécessaire d'isoler ces femmes, afin que leur triste spectacle ne vînt pas impressionner les autres d'une manière funeste; tout le monde en connaît les conséquences.

Je donne, à la page vingt des tableaux, celui désignant le nombre des attaques notées de chacune des épileptiques aussi bien pour les nuits que pour les jours; cette recherche pourra donner plus tard, je l'espère, un résultat de quelque valeur. La sœur surveillante a soin de noter chaque accès de ces malades, dont je ne désigne ici le nom que par lettre initiale, précédée d'un numéro d'ordre, auquel son dossier appartient. Il sera facile de remarquer combien les attaques des épileptiques varient en nombre et en fréquence; cette année elles sont encore mieux notées, car la liste sur laquelle on les marque en piquant le

6

papier à chaque accès, est divisée par dates pour chaque jour et chaque nuit du mois. Il résulte de cette observation, une série de nombres plus ou moins fréquents, selon diverses circonstances, et qui coïncide assez souvent avec certaines variations atmosphériques surtout; je ne pourrai signaler utilement ces considérations avec d'autres, qu'après études suivies, pendant un temps convenablement suffisant.

J'ajoute qu'aucune de ces femmes ne succombe par paralysie, c'est toujours par suite de congestion cérébrale; cependant d'autres désordres et altérations pathologiques se voient aux méninges et à l'encéphale; mais ce n'est pas ici le lieu d'en parler

---

Sorties.

Les sorties des femmes de l'Asile sont de plusieurs espèces. Elles ont lieu :

1.° En vertu de l'article 13 *de la loi*, qui porte que toute personne doit cesser d'être séquestrée aussitôt que le médecin de l'établissement déclare que sa guérison est obtenue;

2.° En vertu de l'article 14 *de la loi*, qui autorise les aliénées à sortir sur la réquisition des ayant-droit, quand ces malades sont séquestrées à titre de placement volontaire, et si le médecin ne déclare pas qu'elles peuvent compromettre l'ordre public et la sûreté des personnes;

3.° Quand l'autorité, après renseignements du médecin, arrête quelles peuvent être rendues libres, parce qu'elles sont trop faiblement aliénées et toujours inoffensives;

4.° Quand il est nécessaire, pour un motif quelconque, de les transférer dans d'autres établissements spéciaux.

Je ne m'arrêterai pas sur la question des sorties opérées en vertu d'ordres émanés de l'administration publique, dans des cas extraordinaires; un coup-d'œil jeté sur les tableaux de la page synoptique 21 suffira pour juger du mouvement opéré dans les sorties pour autres causes que pour guérison; je ne parlerai ici que des guérisons proprement dites, et les pages 22, 23, 24 et 25 feront voir la classification des femmes sorties guéries, selon leur âge, leur état-civil, les saisons, la forme du délire qu'elles présentaient et aussi selon l'espace de temps pendant lequel chacune d'elles est restée séquestrée.

Guérisons.

—

Les tableaux statistiques publiés par le Ministre de l'agriculture et du commerce ne permettent pas de reconnaître d'une manière exacte le nombre des guérisons obtenues annuellement dans chacun des Asiles de France, puisque la tête de la colonne de ces tableaux porte : sorties par guérison *ou autrement;* ce n'est donc que dans les statistiques particulières des Asiles qui s'impriment, que l'on peut se faire une idée des guérisons obtenues dans les divers établissements, et se donner la satisfaction de comparer les succès des autres aux siens. Sous ce rapport nous n'avons pas plus à nous plaindre du nombre des guérisons que de celui des décès.

Les guérisons n'ont jamais été moins de 7,42 p. 0/0 par an, durant les six dernières années, et leur nombre s'est élevé à 13,72 en 1843, à 10,65 en 1845 et à 9,02 en 1844 : s'il a été en diminuant et s'il est faible en 1846, c'est à cause surtout du grand nombre d'aliénées à l'état chronique, reçues d'autres départements, qui ont grossi outre mesure la population de l'Asile (1), sans offrir aucun résultat curatif durant ce temps ; il y a plus, c'est que ces femmes sont venues porter obstacle, par leur contact, à la guérison de certaines aliénées du Nord, qui, avec plus d'isolement, auraient été assez tranquilles pour marcher sans trop d'entraves vers une franche résolution de leur affection mentale.

Pour établir les proportions des guérisons sur une base rationnelle, il aurait fallu, à l'exemple de beaucoup d'auteurs, retrancher et mettre hors de comparaison toutes les incurables qui n'ont dû subir aucun traitement, il faudrait ne parler que des aliénées qui sont arrivées avec un délire aigu et qui presque seules sont traitables, et faire enfin une catégorie de celles dont l'affection est passée à l'état chronique ; le temps nous a manqué pour faire toutes ces recherches d'un intérêt purement scientifique, et que le Conseil général n'a pas en vue, je crois, en ce moment.

Quoi qu'il en soit, je démontre plus loin que sur quatre cent trois sorties en 7 années, il y a eu deux cent trente-neuf guérisons ; sur ce nombre il en est à peine rentré trente à trente-cinq comme récidives.

---

(1) Voir procès-verbaux des délibérations du Conseil général, page 40, session de 1845.

Formes des aliénations mentales guéries.

Dans le tableau de la page 23 de la partie synoptique, nous ne voyons parmi les formes des aliénations mentales des cent quatre-vingt-quatorze femmes sorties guéries depuis 1841, aucun genre d'aliénation à l'état chronique; les démentes en général, les paralytiques, les épileptiques, les idiotes et les imbéciles proprement dites, n'y sont de même pas désignées, mais bien les genres et espèces de folies offrant un caractère plus ou moins aigu, celles, par exemple, qui se rapportent la plupart à la forme de délire maniaque, près de cent étaient dans ce cas, ensuite viennent diverses espèces de monomanies, de mélancolies et des démences avec caractère aigu. Il n'y a de traitement et de guérison possibles que pour les malades atteintes de l'une ou de l'autre de ces catégories de folie, et il faut ajouter que la monomanie offre plus de chances de guérison chez les femmes, que chez les hommes.

La démence chronique est incurable, disons-nous, et cela ne doit pas surprendre si l'on remonte par la pensée à la nature de ses causes, qui est ordinairement la terminaison de la manie lorsqu'elle n'est pas primitivement déterminée par des altérations organiques profondes, comme l'observe judicieusement M. le D.ʳ Botex.

Les observations des principaux genres d'aliénations guéries seront exposées dans la deuxième partie de cette notice.

Pinel a compté soixante-onze rechutes d'aliénations mentales sur quatre cent quarante-quatre guérisons; Esquirol, sur un relevé de deux mille huit cent quatre guérisons, n'indique que deux cent quatre-vingt-douze rechutes; M. Desportes fait connaître, dit Georget, qu'en 1821, sur trois cent onze aliénés admis à Bicêtre, il y a eu cinquante-deux rechutes, de ce nombre sont les quelques malades sortis sans être tout-à-fait guéris, certains ivrognes qui retombent dans leurs anciennes habitudes et qui se guérissent de leurs accès de manie, quelquefois au bout de quelques semaines, enfin quelque cas de folie intermittente. Si je cite ici ces observations, généralement connues, de nos maîtres, c'est pour dire que même lorsqu'une guérison paraît entière et parfaitement consolidée, l'on ne doit pas être tout-a-fait tranquille sur l'avenir des personnes sorties pour cause de guérison, des récidives ont lieu dans tous les pays, et nous ne sommes que peu surpris lorsque des malades déjà traitées nous reviennent : ce ne doit pas être la crainte de les voir retomber qui doit les priver à jamais de leur liberté.

Guérisons suivant les saisons.

Les femmes sorties guéries, indiquées par ordre de trimestre à la page synoptique 22, n'ayant pas quitté l'Asile immédiatement après leur convalescence achevée, et beaucoup au contraire y ayant été retenues encore quelque temps, parfois plusieurs mois, afin de consolider leur état satisfaisant, de s'assurer complètement de leur guérison, et d'éviter les rechutes, il n'y a qu'un résultat vague ou négatif à obtenir de pareilles recherches sur les sorties par saison.

Il est cependant reconnu que de même que les six mois les plus chauds de l'année, en France, donnent naissance à de nombreuses aliénations, ces époques de l'année favorisent aussi grand nombre de guérisons.

Je dois dire ici, pour rendre partout hommage à la vérité, que ce qui a fait élever à son maximum pour le dernier trimestre, le chiffre des sorties pour guérison, c'est que beaucoup de femmes gardées après amélioration parfaite de leur état mental, ont été rendues à la liberté à cette époque, à cause de la diminution de la température qui les mettait plus à l'abri de récidives, et aussi parce que la mauvaise saison étant proche et les concentrations allant recommencer dans l'Asile, par l'impossibilité fréquente des promenades des aliénées dans les cours, il fallait chercher tous les moyens de faire place, en évacuant celles de ces femmes dont la présence devenait inutile dans un établissement restreint et avec un aussi grand personnel.

Sorties pour guérisons, selon l'âge.

L'on verra par les tableaux des pages 24 et 25, que ce sont les âges les moins avancés des entrantes qui offrent le plus de chances de guérison. En effet, qu'y a-t-il à espérer des femmes tombées en démence chronique et qui arrivent dans les Asiles ayant plus de cinquante à soixante ans. Celles qui sont jeunes et arrivées en temps, c'est-à-dire, lorsque leur mal mental est encore à l'état aigu ou récent, peuvent espérer beaucoup durant la première et même la seconde année de leur séquestration surtout.

Comme le plus grand nombre arrive de trente à soixante ans, c'est nécessairement là aussi la période de la vie des sortantes. Cependant, il y en a davantage de trente à cinquante qui guérissent que des femmes ayant plus de soixante ans et celles-ci sont aussi plus sujettes aux rechutes.

A St-Yon de Rouen, les proportions des guérisons pour les malades admis avant leur passage à l'état chronique, s'est élevé de cinq cent quatre-vingts sur mille.

***

État-civil des femmes du Nord guéries.

***

On ne peut apprécier l'influence de l'état civil dans la cure des aliénées, qu'en comparant les proportions des malades guéries, dans telle condition civile, aux admissions. Ce calcul ne donne aucune indication précise à cet égard; l'état civil semble subir simplement l'effet du maximum d'admissions, comme on peut s'en assurer par les tableaux des pages synoptiques 8 et 24. Ainsi, il est entré dans notre Asile deux cent soixante-dix-huit aliénées célibataires, cent quatre-vingt-dix-neuf mariées et soixante-dix veuves depuis 1842, et sur ce nombre sont sorties quatre-vingt-treize célibataires, soixante-sept femmes mariées et seulement trente-quatre veuves.

***

Durée du traitement ou de la séquestration des femmes sorties guéries.

***

On sait que la durée de la folie est très-variable, et qu'elle diffère suivant que cette maladie se termine par guérison ou par un état chronique le plus souvent incurable. Lorsque la première de ces terminaisons a lieu, il y a des variétés nombreuses de durée, selon le genre de folie. Il est certain que les aliénées affectées de paralysie guérissent rarement, leur état satisfaisant n'est ordinairement que momentané ou trompeur; quant aux mélancoliques, elles guérissent moins fréquemment que les femmes dont la folie offre une forme maniaque ou convulsive, les guérisons s'opèrent quelquefois brusquement et le plus souvent d'une manière lente et graduée; malheureusement les aliénés sont plus sujets aux rechutes que la plupart des autres malades.

L'on voit par le tableau statistique de la page 25, que sur les cent quatre-vingt-quatorze aliénées guéries dans l'Asile de Lille, en l'espace des cinq dernières années, cent quatorze n'y sont pas restées plus d'un an, et que les deux tiers de celles-là ont été guéries avant le huitième mois révolu de leur traitement, tandis que quarante-trois femmes seulement sont restées passé un an. Celles dont la séquestration est indiquée même au bout de la deuxième année, offrent encore moins de chances de guérison : cinq femmes pour deux ans et demi, quatre pour trois années, ainsi de suite. Beaucoup d'observateurs trouvent qu'après un an de durée du traitement la proportion s'abaisse à cent quarante-quatre sur mille, après deux années à soixante-douze. Il y a cependant des exemples de guérisons survenues après un grand nombre d'années. Le tableau rédigé par moi indique des femmes guéries au bout de dix, quinze et vingt-et-une années.

Esquirol cite de même des exemples de pareilles sorties inattendues, de guérisons, celles entr'autres de deux femmes folles depuis leur jeunesse, qui ne se rétablirent qu'au temps critique. Pinel rapporte l'exemple d'une dame continuellement en délire et furieuse pendant vingt-sept années, qui guérit très-bien après ce long cours de maladie.

Décès.

Quand il s'agit d'un établissement de bienfaisance consacré à une maladie spéciale, la mortalité doit nécessairement fixer l'attention du statisticien ; elle exprime ou la qualité de la maladie, ou la nature des affections qui la compliquent. Elle fait connaître, dans certains cas, dit M. le docteur Renaudin, la constitution médicale de telle ou telle époque ; on y recherche aussi la nature des soins dont les malades sont l'objet.

Je ne dois pas parler de l'avantage de l'Asile de Lille, sur beaucoup d'autres asiles, en ce qui concerne les décès, ceci est connu depuis longtemps par l'administration supérieure. En comparant seulement les trois asiles du Nord, où les soins sont prodigués avec le même zèle, j'aime à le croire, on voit déjà une grande différence (voir pages synoptiques 31 et 32). Et cependant, nous n'avons pour nous ni espace, ni air, ni distractions et exercices variés, si salutaires quand ils sont donnés à propos. A quoi donc attribuer ce fait à l'avantage de l'Asile de Lille? Il est certain que les soins donnés par des femmes religieuses ou autres sont toujours plus rationnels, plus maternels, que la propreté est par elles plus grande, la douceur envers les malades plus constante. Il est vrai de dire aussi que les inspections des services sont plus faciles et plus fréquentes là où il y a des espaces moindres à parcourir ; que les accidents y sont rares par les surveillances incessantes. Ajoutons que l'hygiène, bien observée, doit aussi trouver sa part dans ces succès. Rien ici n'est négligé à cet égard : vêtements chauds, souvent renouvelés, température convenable, chauffoirs et dortoirs sains, nourriture choisie, propreté de toutes espèces, lavages chlorurés, partout et tous les jours, ventilations, etc. Tout est mis à contribution pour suppléer, par des soins même minutieux, au manque d'espace, pour combattre les mauvaises influences d'un trop long encombrement ; c'est par là que nous évitons bien des accidents et des maux nombreux. Nous n'attendons pas que les affections morbides éclatent pour les combattre, mais nous les écartons de longue-main, par des moyens théra-peutiques, qui modifient l'organisme et empêchent les délabrements engen-drant le scorbut et une foule de maladies asthéniques, telles que le marasme et ses conséquences, si affligeantes. Aux pages synoptiques 2 et 3 on peut se faire une idée de la mortalité annuelle de l'Asile depuis quarante-six ans. J'ai eu soin de recueillir tous les matériaux possibles pour rendre ces recherches tout-à-fait exactes, et comparer les décès à diverses périodes d'administration de cette maison. A la page synoptique 26, se font surtout remarquer les décès des six dernières années, et nos succès particuliers depuis 1842. Faisons observer que ce n'est pas dans son expression absolue que l'on doit examiner le chiffre de la mortalité d'un asile, puisqu'il dépend de l'effectif de population qui la forme, ainsi que de l'âge des décédés, dont on ne saurait exiger que nous prolongions l'existence au-delà du terme ordinaire.

Nous avons opéré, sur le chiffre de la masse entière des aliénées, pour dresser nos tables de mortalité, et cela avec d'autant plus de raison que les incurables offrent essentiellement des chances de mort plus prononcées.

Les tableaux statistiques publiés par M. le ministre de l'agriculture et du commerce donnent le chiffre de la mortalité des aliénées de France. Pour la période de sept années, de 1835 à 1842 inclusivement, le nombre de ces décès, dans les hôpitaux et autres asiles publics, a été de 1 sur 10,38, c'est-à-dire un peu plus élevé que dans les établissements de l'Angleterre, où l'on a perdu 11,9 pour 100, un peu moins que le neuvième. Ces chiffres diffèrent de ceux de l'Asile de Lille en particulier.

Je ne parle pas ici des chiffres des décès des Asiles avoisinant Lille, les pages synoptiques 31 et 32 les mentionnent. Je citerai seulement comme autres exemples de comparaison, quelques établissements publics d'aliénées de France, dans des expositions différentes de ceux-ci.

Dans l'Asile de *Fains* (Meuse), de 1842 à 1845, la mortalité a été de quatre-vingts sur quatre cent quarante-six, ou 1 sur 5,5, ou 22,2 sur cent vingt-quatre.

Dans l'Asile de *St.-Yon* à Rouen, de 1840 à 1843, la mortalité a été de deux cent soixante-seize sur quatorze cent quarante-trois aliénés, ou 1 sur 5,3, ou vingt-trois sur cent vingt-quatre.

L'Asile de *St.-Dizier* a perdu, du 1.er Août 1840 au 1.er Août 1844, cin-quante-sept individus sur deux cent trente-sept aliénés, ou un décès sur quatre, ou trente-un sur cent vingt-quatre.

L'Asile d'aliénés de la *Marne*, de 1838 à 1841, offre le rapport suivant : cent vingt-sept décès sur quatre cent cinquante-trois aliénés, 1 sur 3,56, ou 34,7 sur cent vingt-quatre.

La mortalité est, nécessairement, toujours plus considérable dans les maisons où l'on reçoit toute sorte d'aliénés et où on les conserve jusqu'à la fin de leurs jours, que dans les maisons où l'on ne reçoit que des aliénés curables. Elle doit aussi être plus considérable dans les hospices insalubres, que dans ceux où toutes les règles de l'hygiène sont observées rigoureusement et qui sont éloignées des températures froides et humides.

Age des femmes décédées dans l'Asile de Lille.

L'aliénation modifie la durée de la vie moyenne ; la santé générale doit nécessairement souffrir des crises de tout genre, soit physiologiques, soit morales, surexcitantes ou déprimantes et que la constitution supporte plus ou moins bien.

La mortalité est évidemment plus grande chez les femmes de quarante à soixante ans, sans tenir compte de celles qui offrent des symptômes de paralysie générale. Passé l'âge de soixante ans, les aliénées vivent encore assez longtemps et nous avions dans l'Asile, il y a quelque temps, cent vingt-huit femmes qui passaient cinquante ans, beaucoup ont soixante-quinze et quatre-vingts années ; celles là sont en état de démence ancienne, et à force de soins, on les maintient avec leur vie végétative, quand il n'y a pas de complication. Ce n'est que la complète décrépitude qui les emporte. Les chances de mortalité n'augmentent donc pas toujours à mesure que les aliénés vieillissent ; les femmes, surtout, peuvent vivre très-longtemps ; c'est une remarque faite par les grands observateurs.

État-civil des mêmes aliénées décédées.

Dans cette question, rien de notable ; du moins la part que les circonstances de condition civile peuvent avoir dans la mortalité, ne saurait qu'être imparfaitement précisée par des calculs statistiques encore trop bornés ou pas assez nombreux. Cependant, on peut dire que là, où il n'y a aucune influence morbide, frappant de préférence telle profession plutôt que telle autre, là

7

où les femmes sont loin de leur ménage et des habitudes que la liberté leur accorde, il n'y a aucune différence à faire, les maladies sporadiques atteignant aussi bien les jeunes filles que les veuves et les mères de familles ; toutes sont ici à regarder, sous ce rapport, comme d'une seule et même catégorie. Si le nombre des décès des célibataires, l'emporte sur celui des mariées et des veuves (tableau synoptique de la page 27), c'est, je pense, parce que les femmes célibataires sont en plus grande quantité, dans l'Asile, que celles des deux autres catégories.

Causes des décès.

Les tableaux des causes des décès dans l'Asile de Lille, (pages synoptiques 28 et 29), indiqueront leur nature, ils prouveront en faveur de l'établissement et de sa salubrité. Sauf les escarres gangréneuses, inévitables souvent et en nombre moindre depuis des réclamations de ma part pour faire cesser certaines choses peu hygiéniques, sauf les affections cérébrales, suite des progrès pathologiques, propres aux aliénées paralytiques surtout, sauf enfin une certaine quantité moins remarquable d'affections chroniques des poumons, rares du reste ici en comparaison de celles observées dans beaucoup d'asiles, les autres causes des décès sont des cas isolés et dans la production desquelles la maison des femmes en démence de Lille n'a eu aucune part d'influence.

Et pour ce qui regarde les dispositions de délabrement, sinon pour les aliénées d'un âge avancé ou en état de décrépitude, la plupart avaient été contractées par les femmes qui en sont mortes, avant leur admission dans l'Asile.

Lorsque nous nous occuperons de la partie purement médicale de cette statistique, nous noterons des détails étendus à cet égard. Disons néanmoins que la mortalité des aliénées se rattache le plus souvent aux affections cérébrales: épanchements, congestions, ramollissements, etc., qui terminent ordinairement la démence ; quant aux affections abdominales et pectorales, elles sont moins fréquentes que les premières. (Voir à la page 30 de la partie synoptique). Chose remarquable, l'entérite chronique et la phthisie pulmonaire, affections qui semblent tant propres aux aliénées et qui en certains établissements constituent la moitié des décès, sont loin de prédominer dans celui de Lille.

Après les lésions organiques, sthéniques ou asthéniques, causes de la mort, nous tenons compte des accidents et des décès, résultats de la volonté des malades. Les accidents ont été peu nombreux, une asphyxie par le froid et une autre dans accès d'épilepsie, sont les seuls.

Quant aux suicides, déplorables malheurs que toutes les précautions imaginables ne peuvent prévenir, nous en comptons quelques-uns. Mais nous ne saurions y voir l'influence d'une imitation qui agit si souvent en pareille circonstance vu l'intervalle du temps qui les a séparés.

Les autres causes de décès sont des faits trop isolés pour pouvoir en tirer quelques déductions. Je ne dois pas omettre cependant les marasmes par inanition volontaire. Nous devons compte de nos revers comme de nos succès, eh bien! tous les moyens que possède la science pour empêcher que les malades ne réussissent à se laisser mourir de faim, ont échoué dans quatre cas, depuis cinq ans.

Dans mes observations cliniques qui seront mentionnées dans la deuxième partie de cette notice, je citerai une jeune fille qui n'a voulu se nourrir naturellement, qu'après son retour de la Salpêtrière, d'où elle nous avait été expédiée en 1844, avec cinquante autres femmes de la Seine. Pendant plusieurs mois, elle a été alimentée avec la sonde œsophagienne. Je citerai aussi un cas infiniment remarquable d'une fille de Lille, atteinte de monomanie religieuse qui, malgré tous les moyens possibles d'intimidation, s'est laissée nourrir seize mois *exclusivement*, au moyen de la *sonde œsophagienne*, soit par la bouche, soit par les narines, cette alimentation liquide concentrée la soutenait, elle n'a pas avalé durant ce temps une seule goutte d'eau, tout était craché, repoussé par elle, mais cette maniaque si entêtée laissait s'accomplir l'introduction de la sonde plusieurs fois par jour, et ainsi elle a reçu une quantité considérable de chocolat, de consommés, de vin avec teintures de canelle, de quina, de raifort, et plus de trois mille œufs ont été dépensés pour elle; huit à dix dans des bouillons ou du lait faisaient la base de sa nourriture quotidienne. J'ai eu soin de varier tout cela, d'après les préceptes de M. Magendie, afin de mieux favoriser et exciter les fonctions digestives et nutritives. Ce fait curieux, entre cent autres, prouve que l'on ne doit jamais se décourager, se désespérer, même dans les cas les plus difficiles. La nature a tant de ressources, et dans les issues des maladies mentales en particulier, on voit un si grand nombre de ses miracles, de ses bienfaits!

Mortalité suivant les saisons.

Les époques qui ont donné le plus de décès, sont le commencement et surtout la fin de l'année, non pas que les saisons froides et humides en elles-mêmes aient une action immédiate sur nos malades, car elles sont suffisamment préservées la plupart, à cause de leur habillement et de la température douce et égale dans laquelle elles sont presque toujours placées, mais à cause de l'influence qu'a généralement sur tous les êtres, et particulièrement sur les vieillards, les dispositions des temps équinoxiaux, et des mauvais jours de l'hiver. Règle générale, il meurt partout un tiers de malades de plus dans les périodes de froids. Nous ne sommes cependant pas tout-à-fait arrivés à ce résultat: la page 30 des tableaux prouve assez que les soins ne sont pas plus oubliés dans l'Asile de Lille, pendant l'hiver, que pendant les beaux jours.

Le premier et le dernier trimestre de l'année, coïncidant avec les deux saisons les plus mauvaises, donnent chacun trente décès pour cinq années, tandis que les deux trimestres de la belle saison ne donnent que vingt-et-un et vingt-deux décès. L'été conserve la vie des infirmes, tandis que l'hiver leur est toujours contraire.

Genre de folie des aliénées décédées.

En examinant le résultat des décès, suivant *le genre de folie*, on peut aisément s'apercevoir que la démence est de toutes les formes de l'aliénation mentale, celle qui se termine le plus fréquemment par la mort, toutes circonstances égales d'ailleurs. Les démences maniaques et paralytiques ont fait assez de victimes dans l'Asile de Lille; les affections mélancoliques et maniaques, surtout à l'état chronique, tiennent aussi le premier rang parmi les genres d'aliénation des femmes qui y ont succombé durant les cinq dernières années; du reste, nous ne voulons pas prétendre qu'il faille prendre cette donnée comme invariable, mais il est de fait, que la proportion des décès doit être aussi appréciée d'après celle des admissions de chaque type.

Statistique comparée des trois Asiles du Nord.

Aux pages 31, 32 et 33 de la partie synoptique, je donne des tableaux de comparaison, concernant le mouvement de la population des Asiles de Lille, d'Armentières et de Lommelet, pendant ces dernières années, et les dépenses qui y ont été occasionnées par les aliénés qui les habitent. J'ai été conduit à faire des recherches à cet égard, surtout à cause du relevé fait dans les procès-verbaux de délibération du Conseil général du département du Nord, de l'ensemble des guérisons et des décès de ces trois établissements.

Dans la séance du 19 septembre du Conseil général, il a été dit ce qui suit

« Les *guérisons* pour les trois Asiles du Nord en 1844, offraient sur cent aliénés une proportion de 10,98 , la proportion de 1845 a été réduite à 7,50.

» Les *décès* qui étaient en 1844 de 7, 88 sur cent , ont atteint en 1845 la proportion de 8,19.

» Ainsi, le nombre des guérisons a diminué et celui des décès s'est accru , mais dans de faibles proportions. »

Certes, ce calcul est exact pour l'ensemble des totaux des trois Asiles , mais en généralisant de la sorte , on s'est servi d'une mortalité minime , pour la joindre à une autre plus considérable, et l'on me pardonnera, si je désire rectifier les faits , les isoler pour l'Asile de Lille en particulier.

Comme on le verra à la page 26 de la partie synoptique , les décès ont été à Lille, en 1844, de 4,04 et en 1845, (année où ils ont acquis leur maximum), de 6,07 p^r 0/0 (1), ce qui, certes, est un chiffre moindre et plus capable de parler en faveur de l'établissement confié à mes soins médicaux, que celui désigné plus haut.

Je ne parle pas, dans ce texte, de la première partie de la notice de l'Asile de Lille, des questions purement médicales que suggèrent particulièrement les pages synoptiques 7, 12, 13, 20 et autres; me réservant de développer ma pensée, regardant ces questions purement médicales dans la deuxième partie de ce travail que le manque de temps, avant la session du Conseil général, m'empêche d'achever aujourd'hui.

L'essentiel, quant à présent, c'est de satisfaire aux principaux vœux exprimés par le Conseil, et d'obéir aux invitations dont m'a honoré le premier magistrat du département du Nord. J'espère avoir en partie réussi, par mes efforts, à offrir un ensemble de quelque utilité pour eux et les intéressantes créatures de l'Asile de Lille.

(1) Voir aussi pages 31 et 32 des tables de ma statistique synoptique.

STATISTIQUE

MÉDICALE SYNOPTIQUE

Comme la mémoire est quelquefois infidèle et comme la statistique enregistre et n'oublie pas, il importe, au médecin surtout, de se servir de ce moyen.

ESQUIROL.

TABLEAU du mouvement général du personnel de l'Asile de Lille, de 1800 à 1830.

ANNÉES.	Population générale.	Poppl.on des indigentes.	Population des pensionnaires.	Entrées.	Guérisons.	Décès.	Sorties avant guérison.	OBSERVATIONS.
1800 (an VIII).	60	»	»	»	»	»	»	Les sœurs de la Madeleine les soignent, rue de la Barre.
1801 (an IX).	»	»	»	»	»	»	»	
1802 (an X).	»	»	»	»	»	»	»	
1803 (an XI).	93	»	»	34	»	»	»	Maison transférée aux *Bons-Fils*. Un économe-directeur est nommé.
1804 (an XII).	80	»	»	13	9	9	»	
1805 (an XIII).	73	63	10	8	3	2	»	
1806............	75	67	8	3	0	1	»	M. Rohart, directeur.
1807............	73	66	7	15	6	5	»	
1808............	71	65	6	10	1	5	»	
1809......	72	66	6	9	3	7	»	
1810............	72	64	8	14	1	13	»	
1811............	88	77	11	19	1	12	»	M. Delezenne-Rohart, régisseur, jusqu'en 1830.
1812............	86	75	11	17	5	8	»	
1813............	»	»	»	20	7	9	»	
1814............	»	»	»	»	»	»	»	Lacune jusqu'en 1828. — Nul renseignement.
1815............	»	»	»	»	»	»	»	
1828 à juillet 1829	121	»	»	35	12	42	(1) »	Aucun service médical régulier.
1829 à juillet 1830	102	»	»	28	9	17	»	

(1) Annuaire statistique du Nord, 1830 (2.me année).

TABLEAU *du mouvement général de l'Asile,*
de l'année 1830 à 1846.

ANNÉES.	Population générale.	Popul. on des indigentes.	Popul. des pensionnaires	Entrées.	Guérisons.	Décès.	Sorties avant guérison.	Sans aliénation reconnue	OBSERVATIONS.
De juillet 1830 à juillet 1831	98	»	»	29	13	6	»	»	Réorganisation complète. (Voir d'autre part pour le personnel administratif successif).
» 1831 » 1832	108	»	»	51	13	12	»	»	
» 1832 » 1833	134	»	»	36	13	12	»	»	
» 1833 » 1834	145	»	»	36	16	7	»	»	
» 1834 » 1835	162	»	»	36	10	22	»	»	
» 1835 » 1836	165	»	»	25	17	13	»	»	
» 1836 » 1837	160	»	»	40	13	16	»	»	Service médical de M. Th. Lestiboudois.
» 1837 » 1838	171	»	»	37	13	7	»	»	
» 1838 » 1839	188	»	»	59	14	15	»	»	
» 1839 » 1840	218	»	»	45	22	19	»	»	
Année. 1840	274	»	»	55	15	28	15	»	Mise en vigueur de la loi sur les aliénés, du 30 juin 1838.
» 1841	285	214	71	66	30	17	9	»	
» 1842	321	240	81	92	28	19	18	1	
» 1843	341	270	71	86	47	17	30	1	
» 1844	421	331	90	175	38	17	4	2	Service de M. De Smyttere. (1.re Nomination ministérielle).
» 1845	461	374	87	101	49	28	45	1	
» 1846	431	342	89	93	32	22	38	»	

TOTAL GÉNÉRAL *des Aliénées de l'Asile, établi sur le mouvement annuel de la population des pensionnaires et de celle des indigentes, pour chacune des sept dernières années.*

ANNÉES.	TOTAL GÉNÉRAL.		
1840	274	Pensionnaires volontaires......................	»
		Aliénées d'office ou indigentes.................	»
1841	285	Pensionnaires...............................	71
		Aliénées d'office...........................	214
1842	321	Pensionnaires...............................	81
		Aliénées d'office..	240
1843	341	Pensionnaires...............................	71
		Aliénées d'office...........................	270
1844	421	Pensionnaires...............................	90
		Aliénées d'office...........................	331
1845	461	Pensionnaires...............................	87
		Aliénées d'office...........................	374
1846	431	Pensionnaires...............................	89
		Aliénées d'office...........................	342

Pays et départements d'où sont provenues annuellement les Aliénées.

Années........	1840	1841	1842	1843	1844	1845	1846
Départ. Nord.....	»	248	276	310	299	334	360
» Somme..	»	24	24	18	5	7	8
» Seine....	»	1	4	»	51	51	13
» Aisne ...	»	2	3	1	50	51	34
» P.-de-Cal.	»	8	9	8	14	16	14
» Oise.....	»	»	»	1	»	»	»
Belgique.........	»	1	4	2	1	1	1
Angleterre.......	»	1	1	1	1	1	1
Totaux....	274	285	321	341	421	461	431

Nota. J'ai dû laisser sans chiffres la colonne 1840, parce qu'ils auraient été inexacts pour le total de cette année, n'ayant trouvé de documents que pour son deuxième semestre seulement.

Celles du département du Pas-de-Calais sont la plupart des pensionnaires.

— 5 —

POPULATION GÉNÉRALE de *l'Asile de Lille*
au premier Janvier des sept dernières années.

		Pensionnaires.		Indig.tes ou d'office?
Au 1.er Janvier 1840 ... 219 ...				
id. 1841 ... 219 ...		id.	51.	Indigentes.... 168
id. 1842 ... 229 ...		id.	53.	id. 176
id. 1843 ... 255 ...		id.	51.	id. 204
id. 1844 ... 246 ...		id.	60.	id. 186
id. 1845 . . 360 ...		id.	72.	id. 288
id. 1846 ... 338 ...		id.	68.	id. 270

ENTRÉES.

Aliénées entrées dans l'Asile durant ces sept années.

Ann.							
Ann. 1840 ... 55 ... 20,07 ...	p. 0/0 de la popon génle	Pens. 15.	d'office. 40
» 1841 ... 66 ... 30,13 ...	id.	Pens. 20.	d'office. 46
» 1842 ... 92 ... 40,17 ...	id.	Pens. 25.	d'office. 67
» 1843 ... 86 ... 32,72 ...	id.	Pens. 20.	d'office. 66
» 1844 ... 175 ... 17,31 ...	id.	Pens. 25.	d'office. 150 (1)
» 1845 ... 101 ... 21,90 ...	id.	Pens. 15.	d'office. 86
» 1846 ... 93 ... 21,80 ...	id.	Pens. 21.	d'office. 72
Total..... 668		141.	527

(1) Département de l'Aisne (Montreuil-sous-Laon)................................. 49
— de la Seine (Hospice de la Salpétrière)........................... 51
— du Nord.. 50

ENTRÉES. (Pensionnaires et indigentes) classées par mois,
pendant les cinq dernières années.

ANNÉES.	1842	1843	1844	1845	1846	TOTAUX,
Janvier......................	3	10	7	4	10	34
Février......................	9	3	6	8	10	36
Mars........................	8	7	16	5	6	42
Avril........................	9	5	31	10	1	56
Mai.........................	10	5	8	15	15	53
Juin........................	12	9	8	7	9	45
Juillet......................	8	9	57	13	5	92
Août........................	4	8	11	8	7	38
Septembre...................	7	10	13	6	9	45
Octobre.....................	5	8	3	13	4	33
Novembre....................	9	9	5	8	8	39
Décembre....................	8	3	10	4	9	34
	92	86	175	101	93	547

Maladies mentales ou forme du délire des entrantes de 1844.
(Exemple). (1)

	Admissions D'OFFICE.	VOLONTAIRES.	TOTAUX.
Idiotie proprement dite.............................	4	»	4
Imbécillité simple.............................	5	1	6
» maniaque.............................	10	2	12
» avec chorée.............................	1	»	1
Hallucinations franches.............................	1	»	1
Illusions des sens.............................	1	»	1
Monomanie simple.............................	1	1	2
» avec hallucinations.............................	3	»	3
» religieuse.............................	3	»	3
» du suicide.............................	6	»	6
» homicide.............................	1	»	1
» mélancolique.............................	1	»	1
Lypémanie.............................	3	2	5
Démonomanie.............................	1	»	1
Manie aiguë.. tranquille.............................	2	»	2
agitée.............................	3	2	5
furieuse.............................	3	1	4
Manie chronique.... calme.............................	4	»	4
agitée.............................	6	»	6
Manie raisonnante.............................	4	2	6
» rémittente.............................	1	»	1
» intermittente.............................	3	2	5
» silencieuse.............................	1	»	1
» ambitieuse.............................	3	1	4
» orgueilleuse.............................	2	»	2
» avec paralysie générale.............................	4	»	4
» avec hallucinations.............................	5	»	5
» érotique.............................	»	1	1
Démence aiguë simple.............................	»	2	2
» chronique.............................	13	1	14
» sénile.............................	3	2	5
» maniaque.............................	12	»	12
» mélancolique.............................	8	4	12
» ambitieuse.............................	2	»	2
» avec paralysie générale.............................	9	1	10
» avec hallucinations.............................	3	»	3
Epilepsie avec imbécillité.............................	4	»	4
» avec monomanie.............................	»	»	»
» compliquée de manie.............................	1	»	1
» avec manie intermittente.............................	1	»	1
» et démence légère.............................	3	»	3
» avec démence profonde.............................	5	»	5
Attaques épileptiformes, sans délire.............................	1	»	1
Femmes reconnues non aliénées (renvoyées)....	3	»	3
	150	25	175

Légende des accolades : *Monomanies.* (de Monomanie simple à Démonomanie) ; *Manies.* (de Manie aiguë à érotique) ; *Démences.* (de Démence aiguë simple à avec hallucinations).

(1) Pareil tableau ne peut être regardé comme tout-à-fait de la dernière exactitude, car, on le sait, la nature se joue de nos classifications, les genres se combinent et se confondent parfois, et les complications, souvent, détruisent plus ou moins, dans la suite, la netteté des symptômes primitifs des affections mentales.

TABLE *des âges des femmes admises dans l'Asile durant les cinq dernières années*

ANNÉES.	1842	1843	1844	1845	1846	TOTAUX
De 15 à 20...............	7	5	4	5	3	24
De 21 à 30.....	12	9	30	21	17	89
De 31 à 40.....	18	18	48	19	26	129
De 41 à 50................	28	26	42	30	20	146
De 51 à 60................	15	16	37	14	18	100
De 61 à 70.....	8	7	11	9	6	41
De 71 à 80................ .	4	5	2	3	2	16
De 80 à 85................	»	»	1	»	1	2
	92	86	175	101	93	547

État-civil de ces mêmes femmes séquestrées.

ANNÉES.	CÉLIBATAIRES.	MARIÉES.	VEUVES.
1842	46	32	14
1843	33	39	14
1844	105	51	19
1845	52	37	12
1846	42	40	11
TOTAL........	278	199	70

Voir au texte pour les conclusions à tirer de ces relevés statistiques.

Le mouvement de la population de l'Asile de Lille, à diverses époques, les entrées et sorties, le nombre des décès et des guérisons, l'âge des femmes soit au début de leur folie, soit après sa terminaison, leur état civil, les professions, les causes de l'aliénation envisagées de diverses manières, les genres et espèces des diverses classes des maladies mentales, etc., etc., sont autant de questions qui méritent notre attention, mais qui ne peuvent être traitées dans cette partie du travail, servant seulement à résumer, d'une manière synoptique, ce qui a fait le sujet des chapitres précédents.

Asile de Lille.   PROFESSIONS

ANNÉES.	PROFESSIONS LIBÉRALES.						PROFESSIONS MÉCANIQUES.				
	Cuile , droit, médecine, belles–lettres, employées.	Rentières et propriétaires.	Militaires.	Artistes.	Négociantes, et commerçantes	Marchandes en détail.	Bois.	Fer.	Or et Argent.	Divers métaux	Filature et tissus.
1835	6	10	»	1	»	20	»	»	»	»	38
1836	6	16	»	1	»	25	»	»	»	»	30
1840	2	20	»	2	3	5	»	»	»	»	10
1841	3	19	»	1	1	3	»	»	»	»	12
1845	»	52	»	3	15	38	»	»	»	»	22
1846	2	54	»	4	18	35	»	»	»	»	30

Le tableau des professions des aliénées, dont je présente ici un modèle, a été donné par l'autorité supérieure pour être suivi, tous les ans, dans les asiles, il sert pour les deux sexes, et il est facile de remarquer que sa classification est plutôt destinée aux professions des hommes.

J'ai pensé bien faire en donnant ces *six exemples* de sommes des professions, pris à des époques différentes; mais je n'ai pas jugé convenable de les prodiguer, car ayant été restreint forcément par des colonnes que l'on ne pouvait modifier, comme il l'aurait fallu pour les professions des femmes en particulier, aucune instruction statistique ou médicale solide ne pouvait émaner de pareil travail même plus étendu.

Quoique les professions des femmes influent plus faiblement sur leur moral, il n'est pas moins vrai qu'elles doivent intéresser dans ces sortes de recherches statistiques; aussi, pour être plus complet, dois-je joindre à ce tableau officiel et d'après mes propres notes, l'énumération des professions des aliénées admises dans l'asile de Lille, pendant 1845 et 1846. N'ayant pas été forcé de me renfermer dans des colonnes arbitraires et avec définitions parfois vagues, j'ai pu rester dans le vrai, et trouver trente professions diverses au lieu de douze désignées plus haut, ainsi qu'on peut le voir à la page suivante pour ces deux mêmes années.

DES ALIÉNÉES.   (Exemples.)

OUVRIÈRES EN					Femmes occupées de travaux aratoires.	Femmes de peine.	Domestiques.	Sans profession.	Professions inconnues	TOTAL des Aliénées.
Bâtiments.	Cuirs et peaux.	Teinture.	Comestibles et boissons.	Objets d'habillement et de luxe.						
»	»	1	»	21	39	10	»	»	15	161
»	»	2	»	29	40	10	4	»	8	171
»	»	1	»	6	7	21	1	15	155	257
»	»	1	3	12	2	19	4	29	177	285
»	»	»	»	55	65	86	18	42	51	461
»	»	»	»	52	70	70	30	34	16	431

Professions libérales.

Rentières et propriétaires 18

Institutrice... 1

Religieuse.......... 1

Sage-Femme........ 1

Maîtresse de musique 1

Demoiselles de confiance 4

Garde-Malades................... 2

                                      28

Marchandes de Modes..... 1

»   en Lingerie 3

»   en détail............. 3

»   de Poissons.......... 1

»   de Vins.............. 1

»   Aubergistes 2

                                      11

Professions mécaniques.

Brodeuse........ 1

Couturières 15

Tailleuses...................... 2

Dentellières..................... 18

Tricoteuse..................... 1

Fileuses de lin................... 9

Filocheuse 1

Bobineuse..................... 1

                                      48

Professions rudes.

Fermières...................... 8

Ménagères 22

Jardinière 1

Batelières...................... 3

Blanchisseuses.................. 2

Journalières.................... 27

Domestiques 12

Messagère...................... 1

                                      76

Sans professions connues.......... 31

Total des aliénées.... 194

CLASSIFICATION *des maladies mentales des*

	D'OFFICE.	VOLONTRES	TOTAUX.
Hallucinations sans délire ni démence...............	1	»	1
Illusions des sens sans complication...............	»	»	»
Lypémanie..... { Simple................	4	2	6
Silencieuse	2	»	2
Avec démence...............	6	2	8
Démonomanie simple...............	1	»	1
» avec démence...............	1	»	1
Monomanie..... { Religieuse...............	5	»	5
» avec hallucinations...............	4	2	6
Suicide...............	3	»	3
Homicide	8	1	9
» avec hallucinations...............	4	»	4
Hypochondriaque...............	3	»	3
Mélancolique	3	1	4
» avec hallucinations...............	6	»	6
Politique...............	1	»	1
Ambitieuse ou orgueilleuse...............	3	1	4
» » avec démence......	6	2	8
Oligomanie (1).. { Simple...............	3	1	4
Avec démence...............	4	2	6
Avec hallucinations...............	5	»	5

— Le total général de la population, en 1845, a été de 461.

(1) Par *Oligomanie* j'entends désigner des aliénations mentales que l'on réunit encore avec les *Monomanies*, mais où il y a un délire partiel plus compliqué (de Ολιγος peu, et Μανια délire, un petit nombre d'idées fixes ou délirantes dominantes.)

Aliénées de l'Asile de Lille pour 1845. **(Exemple.)**

		D'OFFICE.	VOLONTres	TOTAUX.
Manie. (1) — **Aiguë**	Tranquille	5	»	5
	Agitée	8	2	10
	Furieuse fréquemment	5	1	6
	» avec accès rares	3	1	4
	Avec hallucinations	3	»	3
Chronique	Calme	14	3	17
	Agitée	8	4	12
	Avec fureurs	8	2	10
	Avec hallucinations	4	»	4
	Avec démence	16	5	21
	Avec halluc. et démence	5	2	7
	Avec extases	2	»	2
	Raisonnante ou sans délire	4	2	6
	Rémittente	2	»	2
	Intermittente	6	2	8
	» avec démence	4	»	4
	» furieuse	3	1	4
	Silencieuse	2	»	2
	Ambitieuse ou orgueilleuse	8	2	10
	» avec dispons suic.	2	»	2
	» avec paralys. gén.	5	2	7
	Avec hallucinations	4	»	4
	Érotique	1	1	2

		D'OFFICE.	VOLONTres	TOTAUX.
Démence — aiguë	Maniaque	4	»	4
	Sans délire	2	1	3
	Silencieuse	3	1	4
Chroniq.	Simple	18	4	22
	Maniaque	35	10	45
	Avec manie intermit.	9	4	13
	Avec hallucinations	5	2	7
	Érotique	2	1	3
	Ambitieuse	7	2	9
	Silencieuse	3	1	4
	Mélancolique	7	4	11
	Sénile	6	3	9
	Avec paralysie génér.	21	2	23
Idiotie — 1er degré imbécillité	Simple ou sans délire	4	1	5
	Maniaque	10	5	15
	Avec chorée	2	1	3
	Avec hallucinations	1	1	2
Idiotie congéniale	Proprement dite	8	»	8
	Maniaque variable	3	»	3
Épilepsie	Épilepsie simple	3	»	3
	Avec manie	4	»	4
	» » intermittente	4	»	4
	Avec fureurs maniaq.	2	»	2
	» Démence ou imb.	7	»	7
	Avec paralysie	3	»	3
Femme non aliénée, renvoyée		1	»	1

(1) *Manie*, délire général ou, au moins, sans série d'idées dominantes.

CAUSES DE L'ALIÉNATION MENTALE.

J'ai pensé bien faire en plaçant à la suite de la classification des maladies mentales des femmes admises dans l'asile de Lille, les tableaux des causes qui les ont le plus probablement déterminées ; je renvoie au texte pour les diverses considérations regardant cette importante question : *L'étiologie ou l'étude des causes de la folie.*

Je dois dire ici que, malgré tous les soins mis dans ces sortes de recherches, afin de satisfaire au vœu exprimé par M. le préfet et par le conseil général, je n'ai pu découvrir aucune nouvelle influence capable d'avoir pu agir d'une manière fâcheuse sur le moral de la population du Nord depuis quelques années. Je compare ici les causes de 1835 à celles indiquées en 1841, puis les causes notées en 1844 et 1845. Enfin j'isole les anciennes aliénées des nouvelles pour mieux pouvoir conclure. Puissent mes efforts satisfaire en partie ceux qui s'occupent de cette étude qui intéresse à-la-fois, et au plus haut degré, le médecin, le philosophe et l'économiste.

ÉTIOLOGIE. — CAUSES.

TABLEAU I.

Causes présumées de l'aliénation des femmes dans l'Asile de Lille,
en 1835.

(Total général des aliénées : 161).

CAUSES PHYSIQUES.		CAUSES MORALES.	
Effets de l'àge	3	Amour et jalousie	29
Idiotisme	12	Chagrin	46
Irritabilité excessive	5	Evénéments politiques	7
Excès de Travail	3	Ambition	8
Dénûment	»	Orgueil	5
Syphilis	3	Religion mal entendue	12
Epilepsie, convulsions	5	Causes inconnues	10
Fièvres, phthisie	} 9		
Maladie du cœur			
Abus de vin et liqueurs	4		
	44		117

TABLEAU II

Causes signalées pour les aliénées de l'Asile de Lille, en 1841.

(Total général de la population : 285).

CAUSES PHYSIQUES.		CAUSES MORALES.	
Idiotisme	31	Amour et jalousie	41
Irritabilité excessive	1	Chagrin	69
Dénûment	13	Evénements politiques	5
Epilepsie, convulsions	6	Ambition	11
Fièvres, phthisie	} 2	Orgueil	5
Maladie du cœur		Religion mal entendue	22
Abus du vin, des liqueurs	6	Causes inconnues	73
	59		226

CAUSES

TABLEAU III.

Présumées de l'aliénation mentale des femmes de l'Asile.

Pensionnaires... 79 } TOTAL.. 421
Indigentes....... 342 }

Année 1844.

CAUSES PHYSIQUES.	Pensionnaires.	Indigentes.	Total.
Idiotisme..............................	»	10	10
Esprit faible, imbécillité.................	3	9	12
Effets de l'âge........................	2	6	8
Irritabilité excessive..................	5	8	13
Excès de travail.......................	»	»	»
Dénûment.............................	»	17	17
Onanisme, nymphomanie...............	1	2	3
Maladies de la peau...................	»	»	»
Syphilis...............................	»	1	1
Coups, blessures......................	1	1	2
Hydrocéphalie........................	»	»	»
Meningite (suite de)....................	1	»	1
Affection typhoïde.....................	1	»	1
Épilepsie, convulsions................	»	23	23
Chorée.................................	»	3	3
Débilité organique......................	»	1	1
Époque critique........................	»	»	»
Maladie du cœur.....................	»	1	1
Suites de couches......................	»	1	1
Suppression des menstrues.............	»	1	1
Abus de vin et liqueurs..............	4	6	10
Libertinage, inconduite..............	»	3	3
Hérédité.............................	2	3	5
Hypochondrie..........................	»	1	1
	20	97	117

CAUSES MORALES.	Pensionnaires.	Indigentes.	Totaux.
Amour contrarié ou autre..............	10	16	26
Jalousie...............................	6	3	9
Amour et jalousie....................	»	10	10
Frayeurs...............................	8	13	21
Chagrin..............................	13	47	60
Contrariétés, disputes.................	1	2	3
Surprises agréables....................	»	2	2
Événements politiques................	1	2	3
Intérêt................................	2	3	5
Revers de fortune......................	1	5	6
Ambition.............................	6	13	19
Orgueil..............................	1	10	11
Religion mal entendue................	6	22	28
Caractère vicieux......................	1	5	6
	56	153	209
Causes inconnues....................	3	89	92
Sans aliénation reconnue..............	»	3	3

NOTA. Les caractères *italiques* indiquent les seules causes admises dans le tableau adopté par l'autorité, ainsi qu'il sera facile de s'en convaincre par la rédaction officielle suivante. J'ai pensé que, dans l'intérêt de la statistique et des questions scientifiques, je pouvais le modifier pour le rendre plus exact, et y ajouter 17 autres causes signalées et évidemment distinctes.

TABLEAU IV.

Causes présumées de l'aliénation des 719 *femmes connues comme folles dans le département du Nord, y comprises les* 461 *femmes de l'Asile de Lille, en l'année* 1845. (Extrait de l'Annuaire statistique du Nord).

(Tableau officiel rédigé par ordre de M. le Ministre de l'Agriculture et du Commerce, pour servir aux renseignements généraux).

CAUSES Physiques.		
Effets de l'âge.........	9
Idiotisme...............	111
Irritabilité excessive....	21
Excès de travail........	1
Dénûment.............	19
Onanisme.............	1
Maladies de la peau....	1
Coups, blessures.......	6
Syphilis...............	2
Hydrocéphale.........	»
Epilepsie, convulsions..	37
Fièvre, phthisie ou maladie du cœur...... }	18
Emanations de substances malfaisantes......	1
Abus de vin et de liqueurs.............	22
	249

CAUSES MORALES.	
Amour et jalousie......	55
Chagrins..............	81
Evénements politiques..	4
Ambition..............	25
Orgueil...............	13
Religion mal entendue..	35
Hérédité..............	17
	230
Causes inconnues.......	240

Ce tableau-modèle, indiquant seulement *vingt-trois causes*, dont celle de l'*hérédité* n'a été ajoutée que tout récemment, par ordre supérieur, est rempli annuellement dans chaque préfecture, d'après les rapports des médecins d'asiles. On conçoit que, devant servir de règle invariable dans l'énumération des causes présumées de l'aliénation mentale des personnes des deux sexes, il ne peut offrir toute l'exactitude désirable, pas plus que le tableau des professions qui est dans le même cas. (Voir pages 10 et 11.)

Pour ma part, je demanderai ce que l'on a pu faire des *dix-sept causes* que j'ai ajoutées au tableau ci-joint de 1844, et qui se sont reproduites, l'année 1845, avec trois nouvelles, c'est-à-dire : *Rhumatisme articulaire.— Abus d'émissions sanguines. — Epuisement par lactation ?* Sans doute on a remanié, recombiné le travail, mais pas au profit de la science, malgré toute la bonne volonté que l'on a dû mettre à le rédiger convenablement.

3

TABLEAU V.

Causes connues ou présumées d'aliénation des femmes admises volontairement et d'office, dans l'Asile public de Lille, durant 1844, 1845 et 1846, d'après les renseignements directs des familles, communiqués au médecin.

CAUSES PHYSIQUES.	Volontaires.	D'office.	CAUSES MORALES.	Volontaires.	D'office.
Idiotie proprement dite......	»	3	Amour contrarié ou autre...	7	5
Esprit faible, borné.........	2	17	Jalousie................	6	9
Effets d'un âge avancé	2	12	Frayeurs, saisissement......	3	15
Irritabilité excessive........	4	7	Chagrins................	4	30
Excès de fatigue............	1	1	Nostalgie................	»	1
Dénûment	»	6	Contrariétés, disputes.......	2	3
Onanisme.................	3	1	Isolement	2	1
Variole avec meningite.......	»	1	Intérêt, parcimonie........	2	1
Rhumatisme articulaire	»	1	Revers de fortune.........	1	9
Syphilis.................	»	1	Craintes sur l'avenir.......	1	3
Coups à la tête.............	1	2	Ambition	3	8
Suite de meningite..........	»	3	Religion mal entendue.....	5	8
Céphalalgie...............	2	1	Caractère vicieux.........	1	4
Affection typhoïde..........	1	»	Enfants gâtés.............	4	1
Epilepsie, convulsions	»	2		40	98
Maladie du cœur	1	1			
Suites de couches...........	1	1			
Epuisement par lactation.....	»	2	Indigentes........ 179		
id. par saignées.....	»	3	Pensionnaires...... 64		
Libertinage	»	1			
Abus de liqueurs alcooliques...	3	6	TOTAL...... 243		
Hérédité..................	2	8			
Hypochondrie..............	»	1	Causes inconnues... 126		
	24	81			

NOTA. Le noyau d'anciennes aliénées de l'Asile entrant toujours en ligne de compte dans les calculs précédents des *causes*, je crois avoir bien fait en dressant ce tableau exclusivement avec les admissions des trois dernières années et sans toutefois m'être occupé de la *centaine* de femmes des départements de la *Seine* et de l'*Aisne* reçues en 1844. La cause de l'aliénation mentale de ces dernières est restée inconnue faute de renseignements suffisants.

TABLEAU VI.

CLASSEMENT *par espèces et par catégories des causes certaines ou présumées de l'aliénation mentale des femmes admises dans l'Asile de Lille, pendant 1844, 1845 et 1846.*

— **Causes inconnues**.... **126**

Causes déterminantes.

Causes morales.

Religion.	Dévotion exaltée et scrupules de conscience..	13
Amour.	Amour contrarié ou autre................	12
	Jalousie..............	15
Famille, affections.	Joie à propos d'affections	1
	Chagrins domestiques..	18
	Pertes de pers. aimées.	4
Fortune.	Revers de fortune.....	10
	Chagrins par misère ...	10
	Inquiétudes sur l'avenir.	4
	Ambition, envie.......	11
	Intérêt, parcimonie....	3
	Changements de pos. soc.	2
	Vocation contrariée....	1
Réputation.	Atteinte à la réputation.	1
	Condamnation judiciaire	1
Conservation.	Frayeurs, saisissements.	17
	Colères, disputes, contrar.	5
	Tristesse due à un isolem.	1
	Inquiétude pour la santé.	1
Patrie.	Exaltation politique....	»
	Nostalgie..............	1

131

Excès.

	Excès intellectuels, d'études, de veilles.	1
Sensuels	Libertinage, inconduite..	2
	Onanisme............	4
	Abus de boissons alcooliq.	8
Physiques.	Excès de fatigues	1
	» de privations d'alim.	6
	Épuisement par lactation.	2
	». par abus de saignées.	3

27

Causes organiques.

Cérébrales	Affections cérébrales fébr.	3
	Céphalalgies...........	3
	Affection typhoïde......	1
Non cérébrale.	Maladie du cœur....	2
C. propres à la femme	Suites de couches.......	2
	Age critique..........	2
— Causes externes.	Coups à la tête.........	3
	Froid, rhumatisme art.re.	1

16

Causes essentielles.

Grand âge.............	14
Idiotie à divers degrés...	22
Epilepsie, convulsions...	2

38

Prédispositions.

Hérédité.............	10
Irritabilité excessive	11
Caractère vicieux.......	5
Enfants gâtés.........	5

31

RÉCAPITULATION.

Causes inconnues...............	126
» morales.................	131
Excès....................	27
Causes organiques et externes	16

| Causes essentielles.................... | 38 |
| Prédispositions.................... | 31 |

Total....... 369

Nombre des attaques notées des Epileptiques de l'Asile de Lille.

Année 1845 : EXEMPLE.

NOMS et N.os matricules.		JANVIER.	FÉVRIER.	MARS.	AVRIL.	MAI.	JUIN.	JUILLET.	AOUT.	SEPTEMBRE.	OCTOBRE.	NOVEMBRE.	DÉCEMBRE.	TOTAUX.	OBSERVATIONS.
61 D	Jour.	3	1	2	3	2	2	3	1	»	3	2	1	23	
	Nuit.	3	»	»	»	»	1	2	2	»	»	1	»	9	
168 C....	Jour.	1	6	16	5	3	3	4	»	3	4	8	1	54	
	Nuit.	9	4	18	14	7	3	3	2	5	4	1	1	71	
169 S.....	Jour.	43	5	86	66	87	46	44	76	76	86	68	72	855	Attaques courtes épileptiformes.
	Nuit.	7	1	7	59	11	9	6	20	8	1	13	12	154	
176 D.....	Jour.	2	»	9	15	14	4	10	6	6	2	4	2	74	
	Nuit.	»	»	4	»	2	6	2	1	9	1	5	2	32	
285 B.....	Jour.	»	»	24	3	»	1	1	5	1	7	1	7	50	
	Nuit.	»	1	2	7	»	»	»	6	»	»	»	3	19	
352 T	Jour.	6	4	14	16	19	11	20	6	8	5	7	8	124	
	Nuit.	7	1	3	11	6	3	13	14	7	6	13	8	92	
• 354 D.....	Jour.	39	14	31	36	50	37	44	36	38	41	27	39	432	
	Nuit.	18	7	12	19	15	14	8	23	21	23	16	13	189	
359 M. ...	Jour.	21	24	67	76	55	41	33	32	32	20	26	25	452	
	Nuit.	9	17	12	21	18	20	10	36	14	13	14	17	201	
428 B.....	Jour.	19	5	7	17	20	12	13	1	5	3	»	11	113	
	Nuit.	17	4	23	16	5	8	5	22	6	12	10	13	141	
436 B.....	Jour.	8	3	37	11	16	18	13	9	14	8	8	7	152	
	Nuit.	2	5	8	7	7	1	4	28	9	13	4	7	95	
442 D.....	Jour.	8	8	10	17	22	11	20	16	20	21	57	»	210	Décédée le 25 nov. 1845. (Congestion cérébrale).
	Nuit.	12	5	26	10	10	5	5	19	8	8	21	»	129	
443 L.....	Jour.	3	2	2	3	4	4	3	5	»	1	3	3	33	
	Nuit.	2	»	3	2	3	»	1	4	2	3	2	2	24	
445 L.....	Jour.	11	5	17	8	8	7	9	10	13	12	10	12	122	
	Nuit.	»	»	1	5	»	2	4	13	»	2	3	1	31	
446 L.....	Jour.	7	1	9	7	13	5	2	13	8	5	6	6	82	
	Nuit.	8	2	4	5	2	2	1	10	»	1	3	1	39	
447 P.....	Jour.	8	4	13	10	18	8	10	9	19	7	10	4	120	
	Nuit.	6	2	1	»	2	8	3	18	2	3	6	3	54	
448 M. ...	Jour.	2	»	»	2	9	6	16	1	3	1	3	1	44	
	Nuit.	5	5	13	6	16	3	8	28	16	7	8	5	120	
463 C.....	Jour.	15	15	47	36	27	22	20	23	20	24	25	21	291	
	Nuit.	»	»	6	4	2	2	6	25	4	4	2	4	59	
536 L.....	Jour.	7	6	4	12	14	10	19	16	4	9	6	10	117	
	Nuit.	»	»	19	4	2	6	9	20	13	12	6	7	98	
540 L.....	Jour.	10	10	29	12	17	11	8	10	11	8	10	13	149	
	Nuit.	»	»	6	»	6	3	1	2	»	2	4		24	
560 T.....	Jour.	»	»	15	32	24	25	12	17	13	»	»	»	138	Entrée le 28 février 1845. Sortie non aliénée.
	Nuit.	»	»	»	»	»	11	9	15	2	»	»	»	37	
538 V.....	Jour.	»	»	»	15	20	11	9	2	1	»	1	2	61	Entrée le 6 novemb. 1844.
	Nuit.	»	»	»	»	5	2	3	2	»	2	1	»	15	
599 L.....	Jour.	»	»	»	»	»	»	»	8	10	14	10	3	45	Entrée le 17 juillet 1845.
	Nuit.	»	»	»	»	»	»	»	»	»	2	3	16	21	

SORTIES.

Sorties en général.

ANNÉES.	TOTAL.	GUÉRISONS.	NON GUÉRIES.	SANS ALIÉNATION RECONNUE.
1840	30	15	15	»
1841	39	30	9	»
1842	47	28	18	1
1843	78	47	30	1
1844	44	38	4	2
1845	95	49	45	1
1846	70	32	38	»
	403	239	159	5

Tableau comparatif des 159 *sorties avant guérison, depuis* 1840.

1840—15
- Pensionnaires volont. 3.
- Indigentes.......... 12. Toutes femmes de la Somme transf. à Clermont. (*Arrêté de M. le Préfet du* 1er *Septembre* 1840.)

1841— 9
- Pensionnaires....... 5.
- Indigentes........ 4. Sorties isolément pour causes diverses.

1842—18
- Pensionnaires....... 12.
- Indigentes......... 6   idem   idem.

1843—30
- Pensionnaires....... 4.
- Indigentes......... 26. { Dont 6 femmes non dangereuses, du Nord. Et 18 aliénées de la Somme, tranférées. (*Arrêté du* 29 *Juin* 1843.)

1844— 4
- Pensionnaires...... 2.
- Indigentes......... 2.

1845—45
- Pensionnaires ...... 5.
- Indigentes......... 40. { Dont, par arrêté de M. le Préfet du 31 Octobre 1845, 36 femmes arrivées de la Seine en 1844, sont transférées faute de place.

1846—38
- Pensionnaires....... 9.
- Indigentes......... 29. { Dont 11 femmes de la Seine et 13 de l'Aisne, aussi déplacées à cause de l'encombrement.

GUÉRISONS.

Guérisons : Relevé des sept dernières années.

1840	15	—	5,47 pr o/o de la popul.on générale.	⎰	....		?	
				⎱	....		?	
1841	30	—	10,52	id.	id.	⎰ 7 Pensionnaires..	9,85	p.r o/o
						⎱ 23 Indigentes.....	10,28	id.
1842	28	—	8,72	id.	id.	⎰ 8 Pensionnaires..	9,87	id.
						⎱ 20 Indigentes.....	8,33	id.
1843	47	—	13,72	id.	id.	⎰ 6 Pensionnaires..	8,45	id.
						⎱ 41 d'Office........	15,18	id.
1844	38	—	9,02	id.	id.	⎰ 13 Pensionnaires..	14,44	id.
						⎱ 25 d'Office........	7,55	id.
1845	49	—	10,65	id.	id.	⎰ 9 Pensionnaires..	10,34	id.
						⎱ 40 d'Office........	10,69	id.
1846	32	—	7,42	id.	id.	⎰ 7 Pensionnaires..	7,86	id.
						⎱ 25 Indigentes.....	7,30	id.

239

Guérisons (sorties) suivant les saisons.

	TRIMESTRES.		1.er	2.me	3.me	4.me	TOTAUX.
Années	1842.	—	2.	8.	7.	11.	28.
—	1843.	—	6.	8.	22.	11.	47.
—	1844.	—	6.	7.	9.	16.	38.
—	1845.	—	4.	23.	10.	12.	49.
—	1846.	—	2.	11.	4.	15.	32.
	Totaux....		20.	57.	52.	65.	194.

Formes des aliénations mentales des femmes sorties guéries, depuis 1841, en vertu des articles 13 et 23 de la loi.

	1842	1843	1844	1845	1846	Totaux
Hallucinations sans délire............	»	1	»	1	»	2
Monomanie ou Oligomanie.....	1	1	4	2	1	9
» avec Hallucinations.......	1	1	»	»	»	2
Monomanie religieuse	3	3	2	1	2	11
» ambitieuse..............	»	2	»	»	1	3
» érotique	»	»	1	1	»	2
Lypémanie simple	1	»	2	2	1	6
» suicide..............	»	3	3	3	2	11
» rabiforme................	»	1	»	»	»	1
Manie mélancolique.............	1	»	1	4	1	7
» religieuse..........	»	1	»	»	»	1
» raisonnante..................	1	3	3	5	3	15
» avec Hallucinations	»	1	»	»	1	2
» intermittente	2	2	2	4	1	11
» aiguë, agitée.................	3	4	2	3	2	14
» » furieuse...............	3	7	3	2	5	20
» » orgueilleuse....	»	1	»	»	»	1
» » avec hallucinations	1	»	1	3	2	7
» » suite de couches.........	2	1	»	2	»	5
Démence maniaque..................	2	5	8	9	3	27
Démence aiguë	6	3	1	2	3	15
» avec hallucinations	»	3	»	1	»	4
» mélancolique....	1	2	»	»	2	5
» suite de manie.............	»	1	5	4	2	12
» » avec hallucinations.	»	1	»	»	»	1
	28	47	38	49	32	194

SORTIES. (*Guérisons*) *selon l'âge.*

	1842	1843	1844	1845	1846	Total.
Femmes de 15 à 20 ans...	2	1	1	1	2	7
id. de 21 à 30 ans.	8	5	3	14	5	35
id. de 31 à 40 ans.......... ..	5	7	7	7	7	33
id. de 41 à 50 ans............	6	12	9	9	7	43
id. 51 à 60 ans.......	4	11	5	11	5	36
id. 61 à 70 ans....	2	10	10	4	6	32
id. 71 à 80 ans..............	1	1	2	2	»	6
id. 81 à 85 ans..............	»	»	1	1	»	2
	28	47	38	49	32	194

Classement des femmes guéries, selon leur état civil.

		Célibataires.	Mariées.	Veuves.
Année	1842	— 15	— 11	— 2.
id.	1843	— 19	— 18	— 10.
id.	1844	— 20	— 10	— 8.
id.	1845	— 23	— 18	— 8.
id.	1846	— 16	— 10	— 6.
	Totaux....	93	67	34.

Espace de temps écoulé depuis l'entrée jusqu'à la sortie de l'Asile des 194 femmes guéries, durant les cinq dernières années, dont le service médical m'a été confié.

Mois. — 1. — Trois femmes	Mois. — 13. — Quatre femmes
2. — Quatorze.	14. — Six.
3. — Huit.	15. — Quatre.
4. — Treize.	16. — Deux.
5. — Dix.	17. — Trois.
6. — Dix.	18. — Une.
7. — Quatorze.	19. — Quatre.
8. — Vingt et une.	20. — Deux.
9. — Six.	21. — Deux.
10. — Neuf.	22. — Cinq.
11. — Trois.	23. — Trois.
Un an. 12. — Trois.	2 ans. — 24. — Sept.

2 ans et demi. — Cinq femmes.		10 ans. — Une femme.	
3 années.	Quatre.	11 » — Quatre.	
4 »	Six.	14 » — Une.	
5 »	Cinq.	18 » — Une.	
6 »	Trois.	19 » — Une.	
7 »	Pas.	21 » — Une.	
8 »	Deux.		

4

DÉCÈS.

Décès.

1840.— 28.— 10,29 p. 0/0. Populat. génér.	{ Pensionn. 5.— Pour cent....? { D'office .. 23.— Idem......?	
1841.— 17.— 5,96 id. id.	{ Pensionn. 4.— 5,63 0/0 populat. génér. { D'office .. 13.— 6,07 id. id.	
1842.— 19.— 5,90 id. id.	{ Pensionn. 4.— 4,93 id. id. { D'office .. 15.— 6,25 id. id.	
1843.— 17.— 4,98 id. id.	{ Pensionn. 1.— 1,40 id. id. { D'office .. 16.— 5,92 id. id.	
1844.— 17.— 4,04 id. id.	{ Pensionn. 1.— 1,01 id. id. { D'office .. 16.— 4,83 id. id.	
1845.— 28.— 6,07 id. id.	{ Pensionn. 5.— 5,74 id. id. { D'office .. 23.— 6,14 id. id.	
1846.— 22.— 5,10 id. id.	{ Pensionn. 4.— 4,50 id. id. { D'office .. 18.— 5,26 id. id.	

148

Il est à observer que c'est, surtout, à partir de 1830 que le nombre des décès a diminué d'une manière notable, ainsi qu'on le peut voir par les pages 2 et 3 : En 1839, les décès se sont élevés à 42 par 121 individus, ce qui fait 34,79 0/0, tandis qu'en 1830, époque de l'arrivée d'un médecin spécial, des sœurs et de la réorganisation et restauration générale de la maison, la mortalité n'est plus que 6,12 0/0 (6 décès pour 98 malades ou aliénées), ce qui prouve aussi toute l'influence salutaire de l'hygiène et des soins de charité!...

Classement des Femmes décédées selon leur âge.

	1842	1843	1844	1845	1846	TOTAUX
De 20 à 30...................	3	4	2	1	»	10
De 31 à 40...................	4	»	4	3	3	14
De 41 à 50...................	2	4	3	11	6	26
De 51 à 60...................	4	4	2	6	7	23
De 61 à 70....	2	2	3	5	4	16
De 71 à 80...................	3	3	3	1	2	12
De 81 à 85...................	1	»	»	1	»	2
	19	17	17	28	22	103

État civil des Femmes décédées.

	Célibataires.	Mariées.	Veuves.
1842	6	8	5.
1843	7	5	5.
1844	8	6	3.
1845	12	8	8.
1846	6	7	9.
Totaux ...	39	34	30.

CAUSES DES DÉCÈS

Des aliénées dans l'Asile de Lille, pendant les sept dernières années.

NATURE DES CAUSES DE LA MORT.	1840 P.	1840 I.	1841 P.	1841 I.	1842 P.	1842 I.	1843 P.	1843 I.	1844 P.	1844 I.	1845 P.	1845 I.	1846 P.	1846 I.	TOTAUX.
Maladies des appareils — A. Cérébro-Spinal															
Méningite aiguë	»	»	»	»	»	»	1	»	»	»	»	»	»	»	1
Hémorrhagie ou apoplexie foudroyante	»	1	»	1	1	»	»	»	»	»	»	»	»	2	5
Congestions cérébrales ou meningées	»	1	»	»	»	1	»	»	»	5	»	»	»	»	7
» précédées de paralysie générale	»	»	»	»	»	»	»	»	1	»	»	1	»	2	4
» » avec diathèse cancéreuse	»	»	»	»	»	»	»	»	»	»	»	»	»	1	1
Paralysie générale franche	»	»	»	»	»	»	1	»	2	1	4	»	»	»	8
» compliquée de fièvre pernicieuse	»	»	»	»	»	»	»	»	1	»	»	»	»	»	1
» avec escarre gangréneuse	1	1	»	»	»	»	»	»	2	»	»	»	»	2	6
Epilepsie, attaques prolongées, congestion cér.	»	1	1	»	»	1	»	»	1	»	»	»	»	»	4
Convulsions	»	2	»	»	»	»	»	»	»	»	»	»	»	»	2
A. Circulatoire et Resp.re															
Congestion pulmonaire, thorax difforme	»	»	»	»	»	»	»	»	»	»	»	»	»	2	2
Pneumonie aiguë	2	»	1	1	»	»	»	»	»	»	»	»	»	»	4
» chronique	1	2	1	»	»	»	»	»	1	»	»	»	»	»	6
» tuberculeuse	1	»	»	»	»	»	»	»	»	»	»	»	»	»	1
Phthisie pulmonaire et rachitisme	»	»	»	»	»	»	1	»	»	»	»	»	»	»	1
Catarrhe pulmonaire, chron. et phthisie	»	»	»	»	1	»	1	»	»	»	3	»	1	»	6
Syncope après fureur extrême	»	»	»	»	1	»	»	»	»	»	»	»	»	»	1
Affection du cœur, phthisie pulmonaire	»	»	»	»	»	»	»	»	»	»	1	»	»	»	1
» » avec asthme	»	»	»	»	»	»	»	»	1	1	1	»	»	1	4
A. Digestif ou intestinal															
Gastrite chronique	»	1	»	»	»	»	»	»	»	»	»	»	»	»	1
Gastro-pneumonite	»	»	»	»	3	»	»	»	»	»	»	»	»	»	3
Gastro-céphalite aiguë	»	»	»	»	1	1	»	»	»	»	»	»	»	»	2
» chronique	»	1	»	»	»	»	»	»	»	»	»	»	»	»	1
Gastro-enterite chronique	»	1	»	»	»	»	2	»	»	»	»	»	»	»	3
» » avec pneumonie	»	»	»	»	2	»	»	»	»	»	»	»	»	»	2
» » avec escarres gangréneuse	»	1	»	»	»	»	»	»	»	»	»	»	»	»	1
Maladie organique de l'estomac	»	»	1	»	»	»	»	»	»	»	»	»	»	»	1
Cancer au duodenum	»	»	»	»	»	1	»	1	»	»	»	»	»	»	1
» » avec hématemèse	»	»	»	»	»	»	»	»	»	»	»	»	»	»	1
Enterite chronique et anasarque	»	»	»	»	»	»	»	»	1	1	»	1	»	»	3
» » avec hémorrhagie intestinale	»	1	»	»	»	»	»	»	»	»	»	»	»	»	1
» » avec fièvre hectique	»	»	»	»	»	»	»	»	2	»	1	»	»	»	3
Péritonite aiguë	»	»	»	»	»	»	»	»	»	»	»	»	»	1	1
A. Génital. — Polype cancéreux à l'utérus, enterite.	»	»	»	»	»	»	»	»	1	»	»	»	»	»	1
TOTAUX...	4	14	3	5	2	0	1	6	»	12	3	15	3	13	87

Suite des causes des décès dans l'Asile de Lille, pendant les sept dernières années.

NATURE DES CAUSES DE LA MORT.	1840		1841		1842		1843		1844		1845		1846		TOTAUX.
	Pensionnaires	Indigentes.	Pensionnaires	Indigentes.	Pensionnaires	Indigentes.	Pensionnaires	Indigentes.	Pensionnaires	Indigentes.	Pensionnaires	Indigentes.	Pensionnaires	Indigentes.	
Report......	4	14	3	5	2	9	1	6	»	12	3	15	3	13	87
Fièvre typhoïde.....................	»	»	»	»	»	»	»	»	»	»	»	1	»	»	1
Anasarque asthénique..................	»	1	»	1	»	»	»	1	»	»	»	»	»	»	3
Erysipèle phlegmoneux................	»	»	»	1	»	»	»	»	»	»	»	»	»	»	1
Abcès et marasme..................	»	»	»	3	»	»	»	»	»	»	»	»	»	»	3
Cancer (ubi?).....................	»	1	»	»	»	»	»	»	»	»	»	»	»	»	1
Diathèse gangréneuse...............	»	»	»	»	»	»	»	»	»	»	»	2	»	»	2
Gangrène aux os du pied droit, marasme ..	»	»	»	»	»	»	»	»	»	»	»	»	»	1	1
Escarres gangréneuses, région sacrée.......	»	2	1	4	»	»	»	»	»	»	»	1	»	»	8
Consomption, escarres gangréneuses.......	»	2	»	»	1	»	»	»	»	»	»	»	»	»	3
Fièvre hectique.....................	»	2	»	»	»	»	»	»	»	2	3	»	»	»	7
Cachexie scrofuleuse.	»	»	»	»	»	»	1	»	»	»	»	»	»	»	1
» scorbutique.................	»	»	»	»	»	»	1	»	»	»	»	»	»	»	1
Hernie étranglée , marasme.............	»	»	»	»	»	»	»	»	1	»	»	»	»	»	1
Marasme avec carie de vertèbres.........	»	»	»	»	»	1	»	»	»	»	»	»	»	»	1
» par suite de misère............	»	»	»	»	»	2	»	»	»	»	»	»	»	»	2
» et décrépitude	»	»	»	»	»	»	»	3	»	2	»	»	1	1	7
» après *seize mois* de nourriture forcée liquide par sonde œsophagienne..	»	»	»	»	»	»	»	»	»	»	»	»	»	1	1
Accids { Asphyxie dans accès d'épilepsie..........	»	»	»	»	»	»	»	1	»	»	»	»	»	»	1
» par le froid	»	»	»	»	»	»	»	»	1	»	»	»	»	»	1
Suicids { Asphyxie par pendaison volontaire	1	»	»	»	1	»	»	»	»	»	»	»	»	1	3
Par long refus d'alimens (malgré soins)....	»	»	»	»	1	1	»	1	»	»	»	»	»	1	4
Par chute volontaire du 1er étage.........	»	»	»	»	»	»	»	»	1	»	»	·	»	»	1
— Morts subites , sans causes connues.............	»	1	»	»	»	1	»	1	1	»	»	»	»	»	4
Totaux........	5	23	4	13	4	15	1	16	1	16	5	23	4	18	148

Autres Maladies. — Cachexies, Marasmes, Gangrènes, etc. (1)

(1) Plusieurs de ces femmes, mortes dans un état de consomption ou de marasmes, étaient des arri.. vantes. On nous en a envoyé qui sont mortes le lendemain de leur admission dans l'asile !...

L'on voit, par le précédent *tableau des causes des décès*, que les maladies *fébriles* splanchniques ou des appareils, l'emportent sur les maladies générales ou des tissus. Les premières sont au nombre de 89, et les secondes ne comptent que 44 décès ; elles étaient la plupart *asthéniques*.

Le relevé de cet ensemble, par catégories, donne le résultat suivant :

Maladies de l'appareil cérébro-spinal.................. 39

»   » circulatoire et respiratoire ou pectoral..... 26

»   » digestif ou abdominal.................. 24

Autres maladies, cachexies, etc.................... 44

Total : 133 maladies toutes sporadiques, sur 148 décès, en six ans.

Aucune affection endémique ou épidémique ne s'est montrée dans la maison durant ce temps, et même de 1830 à la présente année 1847.

Mortalité suivant les saisons.

	TRIMESTRE.		1.er	2.me	3.me	4.me	TOTAUX.
Années	1842.	—	9.	2.	6.	2.	19.
—	1843.	—	4.	2.	5.	6.	17.
—	1844.	—	5.	4.	2.	2.	17.
—	1845.	—	10.	8.	5.	5.	28.
—	1846.	—	2.	5.	4.	11.	22.
	Totaux.....		30.	21.	22.	30.	103.

MOUVEMENT *de la population des Asiles du département du Nord, pendant les années 1844, 1845 et 1846.*

DÉSIGNATION des ASILES.		Nombre des aliénés existant au 1er janvier 1844, 1845 et 46.	Admis pendant ces trois années.	TOTAL GÉNÉRAL.	SORTIES pour guérison ou autrement.	DÉCÉDÉS.	RESTANT au 31 décembre 1844, 1845 et 46.	DÉPENSES EFFECTUÉES PENDANT CES TROIS ANNÉES.	OBSERVATIONS.
ARMENTIÈRES. (Hommes).	1844.	205	260	465	26	36	403	136,889 fr. 65 c.	La dépense moyenne par journée de chaque aliéné, est de 1 franc 19 cent. en 1844, et de 1 fr. 22 cent. en 1845.
	1845.	403	139	542	57	59	426	190,698 » 79 »	
	1846.	426	137	563	43	51	469	207,114 » 60 »	
LILLE. (Femmes).	1844.	246	175	401	44	17	360	130,446 » 62 »	
	1845.	360	101	461	95	28	338	132,563 » 58 »	
	1846.	338	93	431	70	22	339	136,434 » 85 »	
LOMMELET. Établissem.t privé. (Hommes).	1844.	124	107	231	42	15	174	78,101 » 76 »	
	1845.	174	49	223	20	17	186	83,959 » 97 »	
	1846.	183	44	227	21	13	193	93,753 » 75 »	

Ce *tableau*, quoique seulement pour trois années de comparaison, est suffisant pour qu'on se fasse une idée générale du mouvement de la population et des dépenses des Asiles d'aliénés du département, en ce temps ordinaire; on peut aussi voir, par lui, que l'Asile de Lille, malgré son encombrement et son exiguïté, au milieu de l'air concentré de la ville, offre un chiffre de décès bien inférieur à celui de beaucoup d'asiles, et particulièrement de ceux dont il est le plus voisin et qui sont infiniment mieux exposés. (Voir à la page 33 pour dépenses exclusives à l'Asile de Lille).

TABLEAU *de comparaison statistique des guérisons et décès des deux Asiles publics d'aliénés du Nord.*

		TOTAL GÉNÉRAL.	GUÉRISONS.	DÉCÈS.
Année 1840.	Lille..........	277	15 .. 5, 41 p. o/o	28 .... 10, 29 p. o/o
	Armentiéres.....	239	12 .. 5, 0 »	45 .... 18, 75 »
— 1841.	Lille..........	285	30 .. 10, 52 »	17 .... 5, 96 »
	Armentiéres.....	270	13 .. 4, 81 »	34 .... 12, 59 »
— 1842.	Lille..........	321	28 .. 8, 72 »	19 .... 5, 90 »
	Armentiéres.....	314	14 .. 4, 45 »	83 .... 26, 43 »
— 1843.	Lille..........	341	47 .. 13, 72 »	17 .... 4, 98 »
	Armentiéres.....	267	19 .. 7, 11 »	31 .... 9, 06 »
— 1844.	Lille..........	421	38 .. 9, 02 »	17 .... 4, 04 »
	Armentiéres.....	465	24 .. 5, 16 »	36 .... 7, 64 »
— 1845.	Lille..........,	461	49 .. 19, 65 »	28 .... 6, 07 »
	Armentiéres.....	542	24 .. 4, 40 »	59 .... 10, 80 »
— 1846.	Lille..........	431	32 .. 7, 42 »	22 .... 5, 10 »
	Armentiéres.....	563	33 .. 5, 86 »	51 .... 9, 06 »

Population générale et décès à l'Asile de Lommelet-lez-Lille.

Année 1840 — 111 — 2 — 1, 80 p. o/o
— 1841 — 134 — 9 — 6, 72 »
— 1842 — 149 — 6 — 4, 09 »
— 1843 — 166 — 13 — 7, 83 »
— 1844 — 231 — 15 — 6, 49 »
— 1845 — 220 — 17 — 7, 62 »
— 1846 — 227 — 13 — 5, 72 »

OBSERVATION :

Je ne puis rien dire concernant les guérisons de cet établissement privé, car tout calcul serait inexact, parce que, pendant certaines années, sur les rapports officiels, on a confondu ces guérisons avec des sorties pour autres causes.

DÉPENSES *occasionnées par les aliénées de l'Asile de Lille, à la charge de leurs familles ou des caisses publiques.*

ANNÉES.	DÉPENSES TOTALES.	NOMBRE DE JOURNÉES de présence.	DÉPENSE MOYENNE PAR ALIÉNÉE.	
1835.	56,382 fr. 47 c.	59,311	346 fr. 98 c. par an.	
1836.	53,086 » 33 »	59,200	327 » 30 » id.	
1840. (2ᵉ semestre)	48,022 » 99 »	40,574	1 » 18 » 35 m. par journée.	
1841.	102,732 » 69 »	81,988	1 » 25 » 30 » idem.	
1844.	130,446 » 62 »	114,328	309 » 84 » par an.	» » 85 » par jour.
1845.	132,563 » 58 »	131,665	287 » 55 » par an.	» » 78 » par jour.
1846.	136,434 » 85 »	126,132	316 » 55 » par an.	» » 86 » par jour.

Cette page, puisée, comme tout ce qui précède, à des sources officielles, est de nature évidemment administrative ; et, à la rigueur, elle ne devrait pas trouver place dans une statistique médicale. Cependant, sous de certains rapports, et quoiqu'incomplète, elle peut intéresser les recherches d'hygiène, car l'on pourrait voir par ces quelques chiffres, qui seraient à comparer avec ceux de même nature d'établissements voisins, que le bien-être des personnes séquestrées et leur santé se montrent avec d'autant moins de souffrances, toutes choses égales d'ailleurs, qu'il y a plus de dépenses convenablement raisonnées, pour leur entretien, leurs soins et leur bonne nourriture.

ÉTAT de l'Asile d'aliénées de Lille pendant le premier trimestre de la présente année 1847.

———

L'Asile de Lille contient **356** aliénées, dont **304** appartiennent au département du Nord, et **52** sont étrangères. L'on y compte **75** pensionnaires.

Parmi les femmes du **Nord**, il y a **58** pensionnaires volontaires, les autres aliénées sont admises d'office et comme indigentes; leur nombre est de **246.**

———

PENSIONNAIRES.

———

Les aliénées pensonnaires libres du département, classées par arrondissement, sont à répartir comme il suit :

Arrondissement de Dunkerque	....	5
»	d'Hazebrouck	3
»	de Lille	32
»	de Douai	3
»	de Cambrai	5
»	de Valenciennes	7
»	d'Avesnes	3
		58

Des **75** pensionnaires volontaires de l'Asile, **22** sont regardées comme plus ou moins dangereuses, et **53** sont toujours inoffensives.

———

ALIÉNÉES SÉQUESTRÉES D'OFFICE.

Le total général de ces femmes, dans l'Asile de Lille, s'élève, au 1er trimestre de cette année, à 281, c'est-à-dire :

Département du Nord	....	246
» de l'Aisne	....	32
» de l'Oise..	......	1
» de la Somme	.....	1
» du Pas-de-Calais.		1
		281

Les *femmes indigentes aliénées et séquestrées du Nord* donnent le résultat suivant, étant classées par arrondissement, selon leur domicile.

Arrondissements.	Aliénées indigentes dans l'asile.	Population totale de l'arrondissement.	Une aliénée sur habitants.
Dunkerque.	— 18.	— 104,592.	— 5,810.
Hazebrouck.	— 16.	— 104,690.	— 6,543.
Lille.	— 142.	— 356,795.	— 2,512.
Douai.	— 21.	— 99,921.	— 4,758.
Cambrai.	— 15.	— 174,094.	— 11,606.
Valenciennes.	— 23.	— 150,643.	— 6,549.
Avesnes.	— 11.	— 142,245.	— 1,293.
Totaux.	246.	1,132,980.	4,605 pour 1.

Observation. — Fin de 1845, outre les 609 hommes et 338 femmes séquestrés, il existait dans le département 487 aliénés vivant dans leurs familles, ce qui faisait un total de 1,434 individus atteints de démence dans le département du Nord. Le nombre n'en a pas beaucoup varié depuis.

Le nombre des aliénées incurables est évalué à 763 sur 947 traités dans les Asiles.

Parmi les *aliénées indigentes* du département du Nord, séquestrées au commencement de 1847, **120** peuvent être regardées comme toujours *plus ou moins dangereuses* pour la société ou pour elles-mêmes, les **126** autres sont *inoffensives* dans l'Asile, où elles vivent sous une surveillance raisonnée.

Classées par arrondissement, et d'après cette manière de les envisager, ces femmes sont à répartir comme il suit :

Arrondissement de Dunkerque.....	dangereuses...... 11.
	inoffensives...... 7.
» d'Hazebrouck......	dangereuses...... 9.
	inoffensives...... 7.
» de Lille..........	dangereuses...... 68.
	inoffensives...... 74.
Ville de Lille (1)...	dangereuses...... 29.
	inoffensives...... 41.
» de Douai..........	dangereuses...... 8.
	inoffensives...... 13.
» de Cambrai...	dangereuses...... 10.
	inoffensives...... 5.
» de Valenciennes....	dangereuses...... 10.
	inoffensives...... 13.
» d'Avesnes...... ..	dangerenses...... 4.
	inoffensives...... 7.

(1) 76,000 habitants, dont 29,000 à la charge des établissements charitables.

La situation de la maison des femmes en démence du Nord, au milieu de Lille, doit être regardée, disait *Dieudonné*, comme l'une des causes principales du grand nombre d'admissions d'aliénées de cette ville et des environs. Dans les lieux plus éloignés, les difficultés du transport déterminent souvent ceux qui prennent intérêt au sort des infortunés, chez lesquels le flambeau de la raison est éteint, où à les tenir chez eux, où à les faire admettre dans les hospices ordinaires.

La formation d'une liste désignant les femmes aliénées franchement *inoffensives et les dangereuses* est chose difficile. Il est impossible de répondre
jamais entièrement de la conduite à venir des personnes atteintes de démence,
même quand elles semblent offrir une sécurité complète, sauf cependant,
parfois, lorsqu'il n'y a qu'une monomanie légère ou une démence tranquille
superficielle.

Beaucoup de femmes de l'Asile ne sont pas à craindre, parce qu'elles y sont
maintenues et bien surveillées, mais on ne peut prévoir ce qui arriverait
si on laissait ces aliénées en liberté. L'on sait combien les maladies mentales
offrent de variations dans leur marche; tel individu, tranquille et non-dangereux,
depuis plusieurs mois, même depuis plusieurs années, peut tout d'un coup
offrir les caractères d'une manie furieuse intense ; il est d'ailleurs à remarquer
que les fous furieux ne sont pas toujours les plus inquiétants ; on les connait,
on s'en méfie, et l'on prend des précautions pour éviter les malheurs que leur
délire ferait naitre, soit en les protégeant de leurs fureurs contre eux-mêmes,
soit en les isolant des personnes qui pourraient devenir leurs victimes, soit
aussi en les écartant des objets de leur haine particulière et de ceux qui seraient bientôt anéantis, brisés, à cause de leurs penchants irrésistibles à la
destruction dans leurs emportements maniaques plus ou moins périodiques.

Mais par aliénées dangereuses, je n'entends pas désigner toutes les folles
agitées de l'Asile de Lille ; des femmes peuvent être bruyantes ou turbulentes
sans aucune disposition offensive, et la quantité de celles-ci varie selon les
diverses circonstances qui naissent parfois instantanément au milieu d'un
encombrement et de funestes contacts, de sujets d'exaltation réciproques,
difficiles à éviter là où la place manque pour s'étendre convenablement et
organiser les divisions nécessaires à un service nombreux.

Certaines femmes, au contraire, tranquilles en apparence, sont quelquefois
fort dangereuses pour elles ou pour les autres; c'est tout de les connaître et
de savoir distinguer, dans leur affection délirante, les caractères des dispositions malfaisantes, soit que ces femmes cherchent, dans leur manie mélancolique, à attenter à leur propre existence, soit qu'en silence, elles mé-
ditent le mal pour ensuite, et au moment où on les croit les moins à craindre,
se porter à des tentatives funestes sur les personnes et les biens d'autrui.
Pareilles malades dans le monde, trouvent moyen d'échapper à une surveillance peu exercée et inexpérimentée, et leur séquestration est toujours rigoureusement indiquée dans l'intérêt de l'ordre et de la sécurité publique.

Je finis ici la partie historique et statistique de ce travail, que le défaut de temps m'empêche d'étendre assez pour le rendre complet.

En résumé, on a pu remarquer, par le texte, que, depuis un demi-siècle surtout, la maison pour insensées de Lille a, à diverses fois, changé de nom et d'administration, qu'elle a tour-à-tour été gouvernée sous la surveillance des autorités locales et départementales, et gérée au compte de particuliers.

Cet asile, on le sait, est encore dans un état précaire, mais on ne peut s'empêcher d'avouer qu'il marche, malgré bien des entraves, vers un perfectionnement et une position qui lui assurent un rang des plus distingués parmi les autres maisons d'aliénés de France et des pays étrangers. (Statistiques et Journal de Lille, septembre 1846.)

Les efforts des hommes de bien qui s'y intéressent et des employés de l'établissement, pour arriver à des résultats toujours satisfaisants, sont depuis quelques années pour ainsi dire complètement heureux, comme l'a dit M. le Préfet au Conseil général, dans son discours en séance du 25 août 1845, en parlant des Asiles du Nord, *les décès y sont rares et le nombre des guérisons y est progressif d'année en année.* De telle sorte que, sous ce rapport, l'Asile de Lille peut se glorifier de ses succès.

C'est certes là une douce récompense des peines que l'on s'y donne, cette satisfaction est même la seule que l'on puisse attendre, car la reconnaissance chez les hommes, et particulièrement chez les aliénés, est souvent bien peu de chose! Ils le savent, ceux qui se sont voués à l'adoucissement de telles misères, aussi n'ont-ils en vue que le bien, seulement pour le bien, au saint nom de l'humanité!

Explication du plan de l'Asile de Lille, 1847.

1° *Service général et Administration.*

1. Entrée principale de l'établissement, escalier de l'Administration, corridor des services.
2. Salon de la Commission de surveillance et du Directeur.
3. Bureau de la direction et des expéditions.
4. Dépense, viandes et pain y séjournant peu de temps.
5. Cour particulière avec communs.
6. Petite loge de la portière.
7. Pièces à M. le Directeur avec ce qui est au-dessus des N.os 1, 2, 3, 4 et 7.
8. Autre pièce à l'usage du même, (cabinet du médecin au-dessus).
9. Cour et cuisine du Directeur.
10. Bureau du Receveur-Économe, (pharmacie anciennement, dortoir au-dessus).
11. Cuisine générale à 6 fourneaux, (Infirmerie des pensionnaires au-dessus).
11 *bis.* Cour et pompe à l'usage exclusif de la cuisine.
12. Corridor et escalier des caves, vastes et très-saines.
12 *bis.* Relavoir, pièce de débarras de cuisine, etc., pompe pour les bains, fourneau et réservoir d'eau chaude, etc.
13. Salle des bains et douches, citerne, etc., (chapelle au-dessus).
14. Escalier des dortoirs, de la chapelle et de l'infirmerie ; et corridor menant à la grande porte cochère (15), à la tisanerie (16), aux cours des aliénées, etc.
15. Portes cochères pour l'entrée et la sortie des voitures, etc., (carré clos entre elles).
16. Tisanerie, dépôt de médicaments liquides.
17. Salle de repos et d'autopsie.
18. Réfectoire des dames religieuses.
19. Parloir général et salle d'attente pour les parents, etc., (infirmerie des indigentes au-dessus des pièces 14, 18 et 19).
19 *bis.* Au-dessus du corridor, dortoir de sœurs et leur infirmerie au besoin.

2° *Quartier des pensionnaires volontaires tranquilles.*

20. Réfectoire de 1re classe.
21.   Id.   de 2e id.
22.   Id.   et ouvroir de 3e classe.

> Deux étages de dortoirs et de chambres particulières au-dessus.

23. Pièce contiguë pour toilettes, chambres de 1re classe au-dessus.
24. Petite cour des pensionnaires, (le fond de l'église, 44, y fait saillie).
25. Escalier conduisant aux chambres et dortoirs des pensionnaires.
26. Petite relaverie par où l'on va au jardin, 43, exclusivement pour les pensionnaires calmes.

3° Division des indigentes tranquilles et ouvrières.

27. Escalier conduisant à l'atelier, aux dortoirs, à la chapelle, à l'infirmerie, etc.
27 *bis*. Atelier des couturières, des dentellières et tricoteuses, réfectoire au-dessous et beaux dortoirs au-dessus. A, calorifère chauffant tous les étages.
28. Cour des aliénées tranquilles, plantée d'arbres fruitiers en tête et avec bancs en bois fixés.

4° Quartier des idiotes gâteuses et furieuses d'office.

29. Chauffoir semi-souterrain pour gâteuses. ⎰ Loges aux étages au-dessus.
30. Chauffoir bas, trop petit, pour furieuses. ⎱
31. Petite cour pour ces deux catégories d'aliénées. Pompe avec toiture A, latrines B, et tente pour les abriter C, D. est l'entrée des chauffoirs avec voûte supportant les communs du premier étage.

5° Quartier des démentes calmes, propres, mais désœuvrées.

32. Chauffoir bas servant aux idiotes tranquilles, (dortoirs des infirmes gâteuses et épileptiques au-dessus).
33 et 34. Chauffoirs plus élevés à l'usage de la même catégorie, petits dortoirs au-dessus pour aliénées propres.
35. Cour pour la même division, avec vaste tente A à toiture en zinc servant d'abri lors des pluies ou des ardeurs solaires.
36. Relavoir et chaudière pour propretés du *quartier fort*.
37. Caveau à fumier ayant issue dans la rue des Buisses.
38. Réfectoire et ouvroirs des épileptiques. (Voir aussi 42.)

6° Deuxième division des pensionnaires, les agitées et bruyantes.

38 *bis*. Trois petites pièces pour pensionnaires agitées ou gâteuses.
39. Réfectoires des diverses classes, élevés au-dessus du sol de près de 1 mètre 60 centimètres.
40. Corridor et cellules, même chose au-dessus et au-dessous.
41. Cour de ces dames, éloignées ainsi des tranquilles. A, berceau de vignes.

---

42. Cour non pavée des épileptiques, qui y arrivent par celle des idiotes. A, berceau. B, banc.
43. Jardin avec bosquets des pensionnaires tranquilles de la première division.
44. Ancienne église des frères Bons-Fils ; maintenant elle appartient au culte protestant, elle donne sur la rue de Tournai et elle fait suite à la façade principale de l'Asile ; en-dessous sont des caves et l'ancien caveau de sépulture de ces religieux.
45. Sacristie de cette église, servant encore au temple évangélique.
46. Maison voisine de la rue de Tournai, qui était aussi aux Frères, et qui est actuellement propriété des Hospices.
47. Maisons de la fin de la rue de Tournai et de celle du Priez, du côté de la place des Reigneaux.
48. Embarcadère des chemins de fer, dont les bruits retentissent dans l'Asile.
49. Indication du nord vrai et du nord de la boussole.

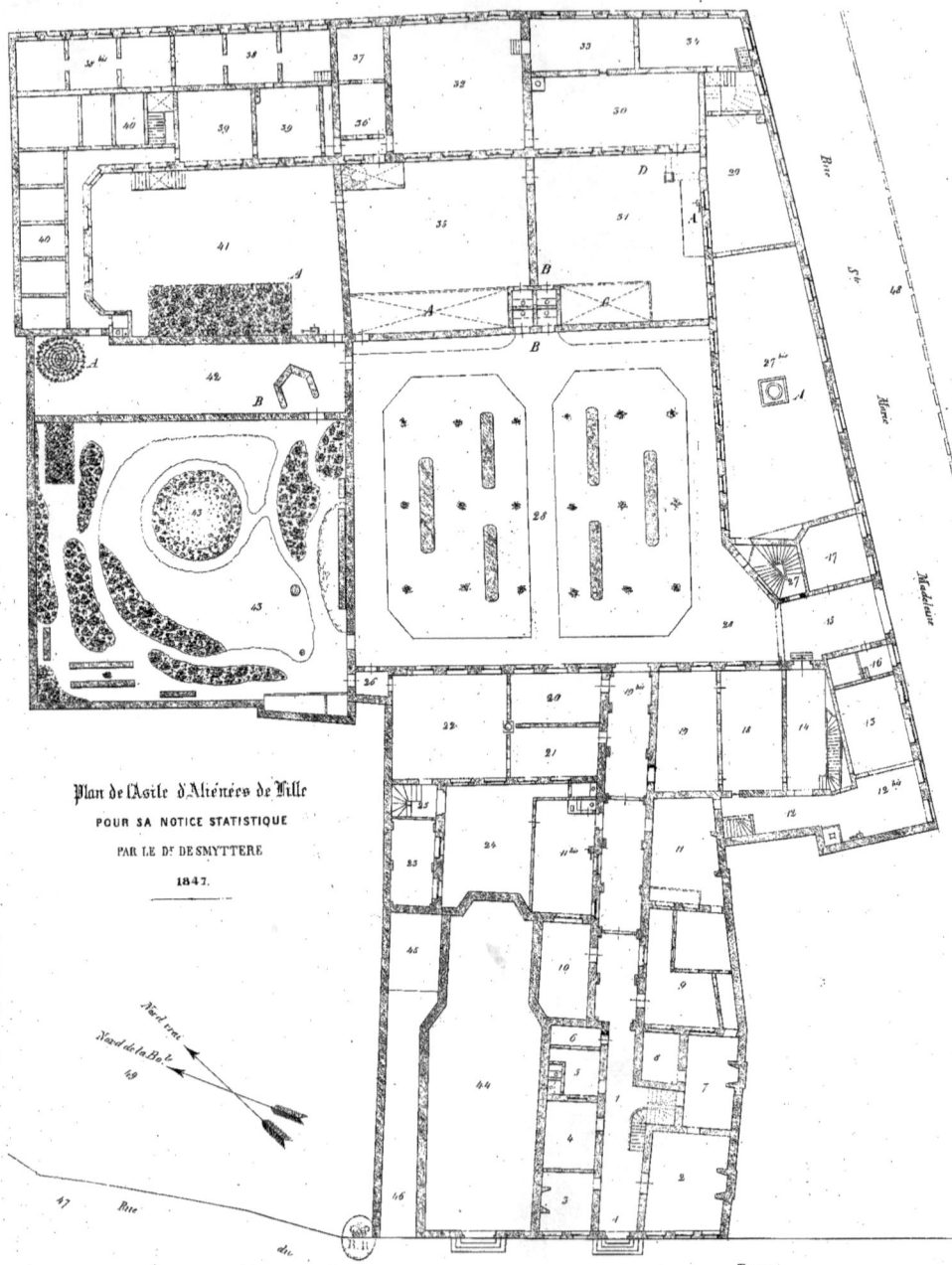

Plan de l'Asile d'Aliénées de Lille

POUR SA NOTICE STATISTIQUE

PAR LE D.r DESMYTTERE

1847.

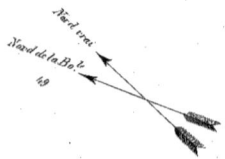

Rue de Tournai